Actuaciones de Innovación Educativa en la Docencia Universitaria de Radiología y Medicina Física

Javier Pereira, Alberto Nájera, Meritxell Arenas, Paloma García-Talavera
A Coruña, 2015

Asociación de Profesores Universitarios de
Radiología y Medicina Física
(APURF)

ACTUACIONES DE INNOVACIÓN EDUCATIVA EN LA DOCENCIA
UNIVERSITARIA DE RADIOLOGÍA Y MEDICINA FÍSICA

PEREIRA, JAVIER ● NÁJERA, ALBERTO ● ARENAS, MERITXELL ● GARCÍA-TALAVERA, PALOMA

Edición: Asociación de Profesores Universitarios de Radiología y Medicina Física (APURF). A Coruña, 2015
Nº Páginas: 188. Índice, páginas 5-9

© **De cada capítulo, sus autores.**

 El presente trabajo se distribuye bajo licencia Reconocimiento-Compartir Igual (by-sa) - Creative Commons 3.0 España.
http://creativecommons.org/licenses/by-sa/3.0/es/

Usted es libre de:

 Copiar, distribuir y comunicar públicamente la obra.

Hacer obras derivadas.

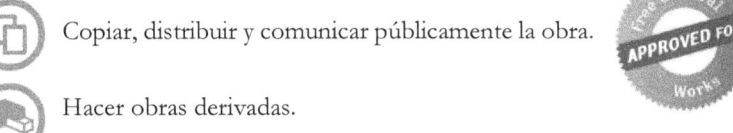

http://freedomdefined.org/Definition

Bajo las condiciones siguientes:

 Reconocimiento. Debe reconocer los créditos de la obra de la manera especificada por el autor o el licenciador (pero no de una manera que sugiera que tiene su apoyo o apoyan el uso que hace de su obra).

 Compartir bajo la misma licencia. Si altera o transforma esta obra, o genera una obra derivada, sólo puede distribuir la obra generada bajo una licencia idéntica a ésta.

- Al reutilizar o distribuir la obra, tiene que dejar bien claro los términos de la licencia de esta obra.
- Alguna de estas condiciones puede no aplicarse si se obtiene el permiso del titular de los derechos de autor.
- Nada en esta licencia menoscaba o restringe los derechos morales del autor.

La imagen de la portada tiene una licencia de dominio público. Captura del Proyecto *The Medical Master Island*. Autor: Francisco Sendra Portero. Universidad de Málaga

ISBN: 978-1-326-31332-6   **D.L.: C-1168-2015**

Tabla de contenido

1. **El proyecto PECORAD: percepción y conocimientos sobre radiología de los estudiantes de medicina** 11
   - Resumen 11
   - Introducción 11
   - Material y Método 12
   - Resultados 12
   - Discusión 18
   - Conclusiones 19
   - Bibliografía 19

2. **Actividades de docencia alternativa. Experiencias en la Universidad de Navarra** 21
   - Resumen 21
   - Introducción 21
   - Realización de trabajos en grupo: aprendizaje colaborativo o corporativo 22
   - El empleo de Clickers en la docencia y su utilidad 26
   - La evaluación de actividades de aprendizaje mediante memorias 28
   - Conclusiones 34
   - Bibliografía 34

3. **Radiology and Physical Medicine Weblog.** 37
   - Resumen 37
   - Introducción 37
   - Objetivos 39
   - Herramientas implantadas en el weblog 39
   - Conclusiones 43
   - Bibliografía 43

4. **Resultados de la implantación del Weblog de Radiología y Medicina Física: Radiology and Physical Medicine Weblog** 45
   - Resumen 45
   - Introducción 45
   - Objetivos 46
   - Material y Métodos 46
   - Resultados 48
   - Discusión 53
   - Conclusiones 56
   - Bibliografía 56

5. **Evaluación de prácticas de Radiología utilizando clickers. Experiencia de 3 cursos.** 59
   Resumen 59
   Introducción 59
   Material y Métodos 61
   Resultados 64
   Conclusiones 67
   Bibliografía 67

6. **El aprendizaje basado en problemas: unos consejos para la elaboración de los problemas.** 69
   Resumen 69
   Introducción 69
   Antes de la elaboración del problema 70
   El formato del problema 70
   El contenido del problema 71
   La construcción del problema 72
   La selección del problema 73
   Mejorando el problema 73
   Conclusiones 74
   Bibliografía 74

   Anexo: ejemplos de problemas ABP y sus OA, utilizados en el módulo de Radiología de la UdG 77
   Ejemplo 1. Reflujo infantil. 77
   Ejemplo 2: Diferentes pruebas de Imagen y conducta adecuada en el Servicio de Radiología. 79
   Ejemplo 3: Las radiaciones que curan: cuando la fuente se encuentra en el interior y cuando está fuera. 81
   Ejemplo 4: Más vale prevenir que lamentar. 83

7. **Instrumentación para la docencia de radiología en un aula de habilidades para los estudiantes de medicina.** 85
   Resumen 85
   Introducción 85
   Contenido 86
   1. Simuladores para técnica radiológica y diagnóstico por imagen. 87
   2. Simuladores para intervencionismo. 89
   3. Páginas web de imagen médica. 94
   Conclusiones 96
   Bibliografía 96

8. **Los Inicios de la Radiología en el Hospital de la Facultad de Medicina de Santiago.** 99

   Los Casares: una constante Histórica. 99
   1900: Comienza la Radiología en La Facultad de Medicina de Santiago. 101
   La Sesión solemne de presentación de los Rayos X. 103
   Las conferencias de radiología 104
   Homenaje a un médico modesto: El Dr. Bruzos Varela 105
   El equipo Siemens de 1903 donado por Alfonso XIII 106
   Bibliografía 107

9. **Ubicación de la enseñanza de la Oncología Radioterápica en el Grado de Medicina de la Universidad de Barcelona (Campus Clínic)** 111

   Generalidades 111
   La Oncología Radioterápica. 111
   Conclusiones: 115

10. **La enseñanza de Radiología en los planes de estudio de Grado en Medicina** 117

    Resumen 117
    Introducción 117
    Los planes de grado en medicina y la enseñanza de radiología 118
    Discusión 121
    Conclusiones 122
    Bibliografía 122

11. **El Plan Bolonia modifica los planes de estudio en la Universidad de Málaga: Implantación de la asignatura de Radioterapia en 3º grado. Análisis del resultado** 123

    Resumen 123
    Introducción 123
    Métodos 126
    Resultados 126
    Discusión 129
    Conclusiones 131
    Bibliografía 131

Anexo I. Oncology Education Initiative **134**

12. Evaluación de competencias transversales: exposición y debate a través de un foro educativo en la materia "fundamentos de radiología odontológica y protección radiológica" 137

Resumen 137
Introducción: 137
Objetivos 138
Metodología 138
Procedimiento o desarrollo del proyecto 139
Resultados y conclusiones 142

Anexo I. Temas seleccionados del Temario de la Asignatura 145

Ondas electromagnéticas. Estructura de la materia 145
Física de radiaciones: radiaciones ionizantes 145

13. Valoración de las competencias de Radiología y Medicina Física por profesores ajenos al área 147

Resumen 147
Introducción 147
El listado de competencias 148
La encuesta 148
Resultados 149
Discusión 154
Conclusiones 155
Bibliografía 155

14. Tesis doctorales en Oncología Radioterápica 157

Introducción 157
Material y Método 157
Resultados 157
Conclusiones 161

15. La apertura del proceso de Bolonia para diplomados en las Ciencias de la Salud 163

Resumen 163
Introducción 163
La llegada del cambio: Nuevas posibilidades al alcance 165
Situación actual e implicaciones para el Área de Radiología y Medicina Física 167
Bibliografía 169

16. Los estudios de doctorado en España. La nueva reglamentación según el RD 99/2011 171

Resumen 171
Antecedentes 171

Definiciones 172
Estructura de los programas de doctorado 173
Cronograma para el doctorando 174
Competencias que debe adquirir el doctorando 175
Requisitos de acceso al doctorado. 176
Criterios de admisión 176
La tesis Doctoral 177
Evaluación y defensa de la tesis doctoral 177
Mención Internacional en el título de Doctor. 177
Memoria de verificación y Parámetros valorables 178
La adaptación del RD 99/2011 en el Sistema Universitario de Galicia 179
La oferta de la Universidade da Coruña 179
El programa de Doctorado de Ciencias de la Salud de la Universidade da Coruña ... 184
Conclusiones 186
Bibliografía 186

1. El proyecto PECORAD: percepción y conocimientos sobre radiología de los estudiantes de medicina.

Rocío Lorenzo Álvarez[1], José María Trillo Fernández[2], Francisco Sendra Portero[3]
[1]Departamentode Radiología y Medicina Física. Facultad de Medicina. Universidad de Málaga
rociolorenzoalvarez@gmail.com; jotrifer@hotmail.com; sendra@uma.es

Resumen

En 2012 se realizó una encuesta a alumnos de todos los cursos de la Facultad de Medicina de Málaga mediante sistemas de respuesta remota (Educlick) con 42 preguntas, 10 sobre la carrera, la radiología y sus distintas especialidades, 20 sobre conocimientos de radiodiagnóstico y anatomía radiológica y 12 sobre el sistema Educlick.

Participaron 446 estudiantes, 306 de primer ciclo y 140 de segundo ciclo.

En una escala Likert de 5 puntos la previsión de hacer la especialidad de Radiodiagnóstico obtuvo 2,3±0,9, Medicina Nuclear 1,9±0,7 y Oncología Radioterápica 2,2±0,9.

El promedio de porcentajes de respuestas correctas para primero y segundo ciclo respectivamente fueron 33,0±14,0 y 51,9±18,6 ($p<0.05$) para preguntas de radiodiagnóstico y 33,1±20,7 y 49,6±22,1 (diferencias no significativas) para las de anatomía radiológica.

La opinión de los alumnos sobre los mandos Educlick puede resumirse en que se utilizan poco y son poco útiles en relación con su coste.

Sería interesante realizar un estudio similar e este incluyendo varios centros.

Introducción

La opinión de los estudiantes de medicina sobre el Radiodiagnóstico y otras especialidades médicas incluidas en el área de conocimientos Radiología y Medicina Física en nuestro entorno es poco conocida. Se supone que a partir del estudio de las respectivas asignaturas donde se imparten estas materias y, sobre todo, a partir del contacto con los especialistas en las prácticas, el alumno tendrá una idea más concreta de estas especialidades y podrá hacerse una idea más realista de si le atrae o no elegirlas para su formación como médico especialista. Por otro lado, el conocimiento del radiodiagnóstico, la semiología radiológica y la anatomía radiológica ha de ir incrementándose a lo largo de la carrera, conforme el alumno cursa una o más asignaturas relacionadas. Consideramos que es importante obtener información de la opinión de los estudiantes y su grado de conocimiento a lo largo de la carrera, para reflexionar sobre las posibles medidas a tomar para mejorar el impacto de nuestra docencia. Se presenta un proyecto basado en una encuesta con mandos interactivos realizada a estudiantes de toda la carrera. Se trata de un estudio transversal en el que se pregunta a los alumnos por su opinión sobre la carrera y las distintas especialidades médicas, sus conocimientos sobre anatomía radiológica y radiología clínica y, finalmente, sobre la utilidad de los mandos interactivos de respuesta remota.

Material y Método

En noviembre-diciembre de 2012 se realizó una encuesta a alumnos de todos los cursos de la Facultad de Medicina de Málaga, durante su horario lectivo, previo acuerdo con los respectivos profesores. Se utilizaron sistemas de respuesta remota (Educlick) con preguntas incrustadas en una presentación PowerPoint. Se realizaron 42 preguntas, 10 sobre la percepción de la carrera, la radiología y sus distintas especialidades, 10 sobre conocimientos de radiología clínica, 10 sobre conocimientos de anatomía radiológica y 12 sobre la percepción del sistema Educlick. Los alumnos disponían de 30 minutos para responderlas, con un tiempo por pregunta que podía ser de 20 o 30 segundos según el caso.

Resultados

Participaron 446 estudiantes, 306 de primer ciclo y 140 de segundo ciclo distribuidos de la siguiente forma:
- Primero: 109
- Segundo: 113
- Tercero: 84
- Cuarto: 49
- Quinto: 42
- Sexto: 49

Percepción sobre radiodiagnóstico y otras especialidades médicas

Ante la pregunta "¿Cuál de las siguientes especialidades médicas harías como primera opción?", ofreciéndoles un listado de 10 especialidades, nueve de las más deseadas y radiodiagnóstico, un 2,2 % respondió que haría radiodiagnóstico. En una escala Likert de 5 puntos la previsión de hacer la especialidad de Radiodiagnóstico obtuvo 2,3±0,9, Oncología Radioterápica 2,2±0,9 y Medicina Nuclear 1,9±0,7. No hubo diferencias significativas entre los diferentes cursos.

Se les preguntó por la importancia que dan a la radiología y a la anatomía para la práctica médica, los resultados estuvieron entre 4 y 5 (mucha y muchísima) en todos los cursos, con diferencias no significativas entre una y otra (Figura 1).

Conocimientos de anatomía radiológica y radiología clínica

Respecto a las 10 preguntas de Anatomía radiológica, el promedio de porcentajes de respuestas correctas para primero y segundo ciclo respectivamente fueron 33,1±20,7 y 49,6±22,1 (diferencias no significativas). Los resultados se muestran en la figura 2 distribuidos por curso y con los datos globales de primer y segundo ciclo.

El promedio de porcentajes de respuestas correctas para las preguntas de radiodiagnóstico fue 33,0±14,0 y 51,9±18,6 ($p<0.05$) para primero y segundo ciclo respectivamente. La figura 3 muestra los resultados distribuidos por curso. Las preguntas de anatomía radiológica (Figuras 4 y 5) permiten conocer conceptos erróneos en todos los cursos de la carrera y por tanto establecer medidas correctoras en la docencia de radiología. Las preguntas sobre radiología clínica muestran habitualmente claras diferencias en el número de aciertos entre alumnos de primer y segundo ciclo, al haber cursado estos últimos tanto radiología como otras asignaturas clínicas (Figura 6), pero en ocasiones presentan ejemplos que son mal resueltos incluso por alumnos de últimos cursos. Estos ejemplos con baja tasa de aciertos pueden estar relacionados con hallazgos radiológicos importantes (Figura 7) o con la identificación de técnicas radiológicas (figura 8). El conocimiento de estas lagunas formativas permite rediseñar los contenidos docentes para mejorar el aprendizaje de radiología en la carrera.

Opinión sobre los mandos interactivos de respuesta remota

La Tabla I recoge de forma pormenorizada la media y desviación estándar de los resultados en una escala Likert de 5 puntos. La opinión de los alumnos sobre los mandos interactivos Educlick puede resumirse en que son útiles para conectar ideas entre sí incrementan la participación en clase, pero se utilizan poco, y son poco útiles en relación con su coste.

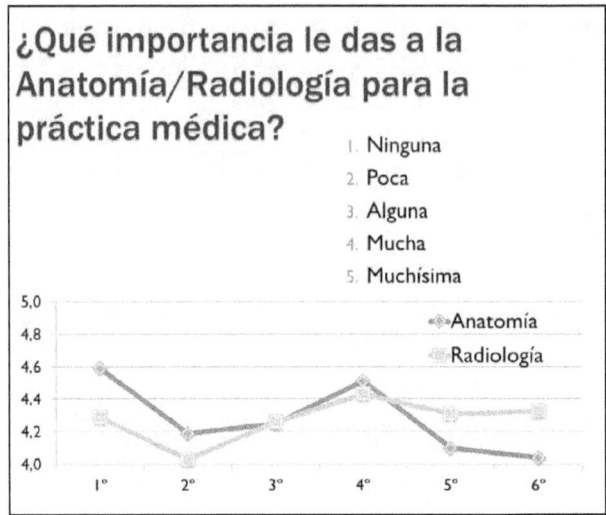

Figura 1. Respuesta en una escala Likert de 5 puntos en los diferentes cursos de la carrera sobre la importancia que se confiere a la anatomía y la radiología para la práctica médica. Los puntos de la gráfica representan la media en cada curso. Nótese que el eje de ordenadas está limitado ente 4 y 5.

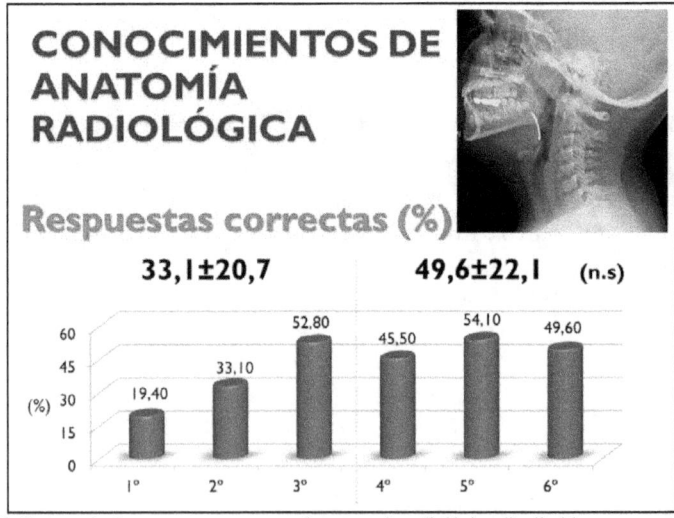

Figura 2. Porcentaje de respuestas correctas de anatomía radiológica distribuido por cursos. No hay diferencias significativas entre primer y segundo ciclo, aunque los resultados de primer y segundo curso fueron notablemente inferiores al resto.

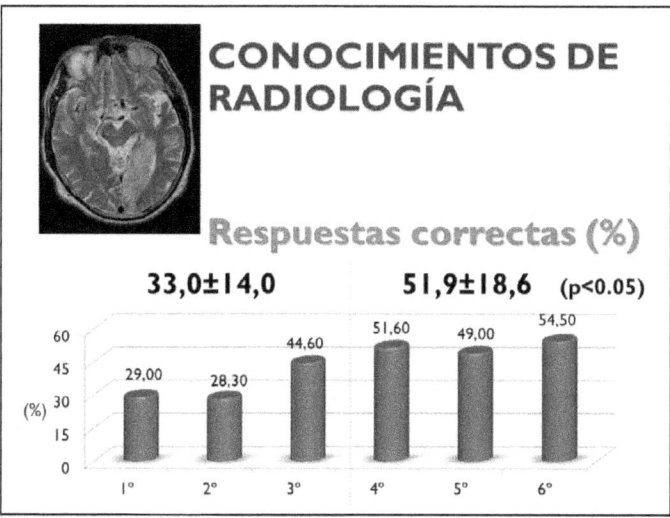

Figura 3. Porcentaje de respuestas correctas de radiología distribuido por cursos. Hay diferencias significativas entre primer y segundo ciclo, aunque los resultados de tercer curso fueron similares a los de segundo ciclo.

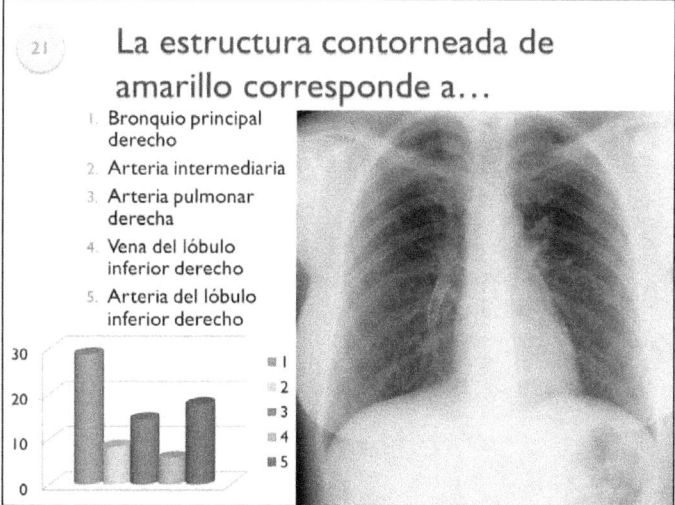

Figura 4. Ejemplo de una pregunta de anatomía radiológica. Nótese que menos de un 10% de los alumnos, independientemente del curso, responden correctamente la opción 2, arteria intermediaria.

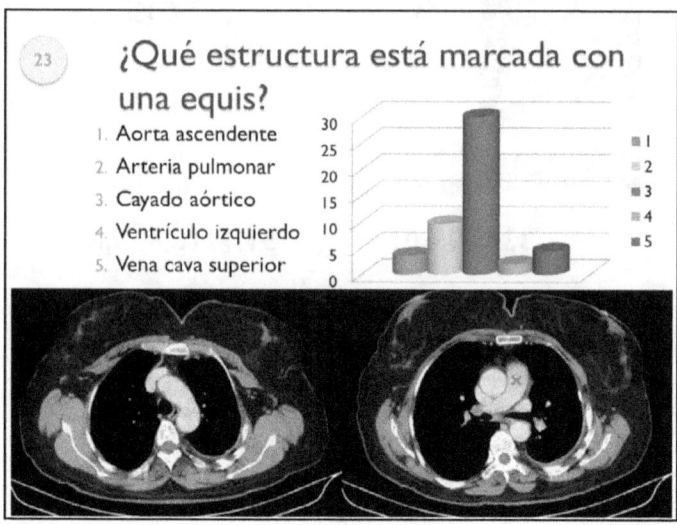

Figura 5. Ejemplo de una pregunta de anatomía radiológica. Nótese que menos de un 10% de los alumnos, independientemente del curso, responden correctamente la opción 2, arteria pulmonar y que casi un 30% responden erróneamente la opción 3, cayado aórtico.

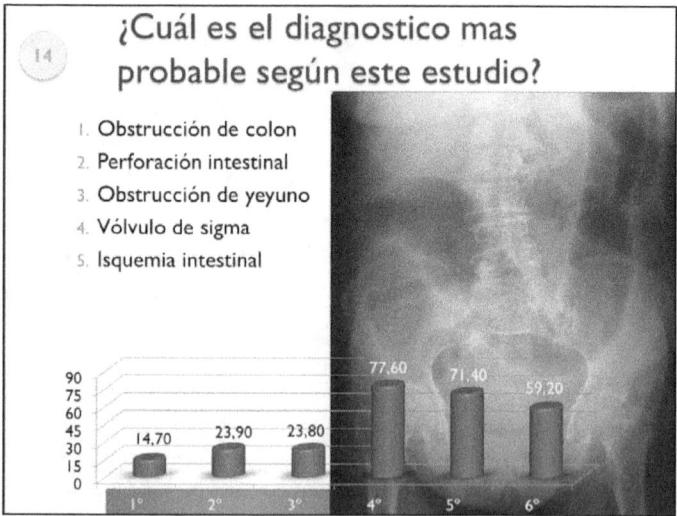

Figura 6. Ejemplo de una de las preguntas de radiología clínica con los resultados divididos por curso. El porcentaje de aciertos (opción 1) en los cursos de segundo ciclo es mayor que en los de primer ciclo, de forma congruente con el hecho de que estos alumnos ya han cursado radiología en tercero y tienen más formación clínica.

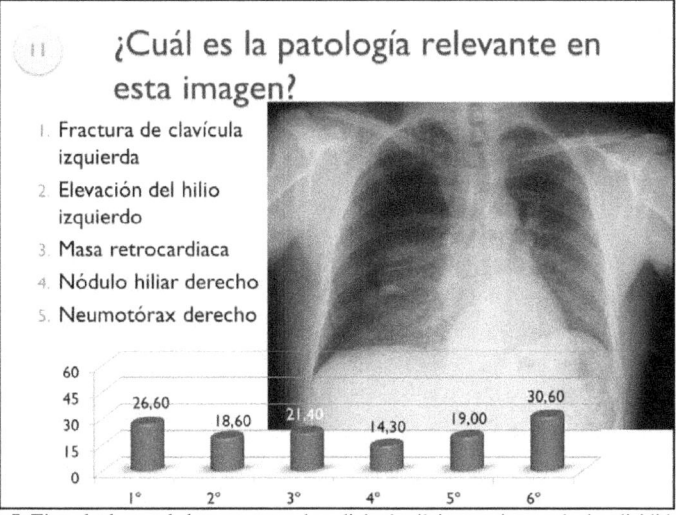

Figura 7. Ejemplo de una de las preguntas de radiología clínica con los resultados divididos por curso. Se trata de un neumotórax a tensión (opción 5), una situación urgente que todo médico debe saber detectar. Nótese que el porcentaje de aciertos es muy bajo en general incluso más de lo esperable en cuarto y quinto cursos.

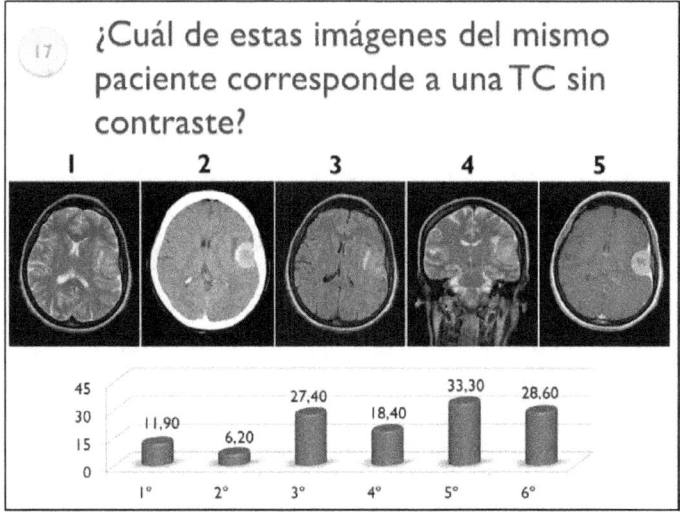

Figura 8. Ejemplo de una de las preguntas de radiología clínica con los resultados divididos por curso. El porcentaje de aciertos (opción 2) es bajo en general, incluso en segundo ciclo, lo que constituye una información útil sobre los errores de reconocimiento de estudios, de cara a mejorar este aspecto en la formación durante las asignaturas.

TABLA I. Preguntas sobre el sistema de mandos interactivos de respuesta remota (educlick). Respuestas en escala Likert de 5 puntos (1: totalmente en desacuerdo, 2: en desacuerdo; 3: neutral, 4: de acuerdo y 5: totalmente de acuerdo)

Preguntas	
¿Utilizas muchos los mandos interactivos?	2,19 ± 0,87
Los mandos interactivos me hacen implicarme más en el curso	2,23 ± 1,25
Los mandos interactivos me hacen prestar más atención en clase	2,27 ± 0,37
Los mandos interactivos me ayudan a entender mejor los conceptos	1,76 ± 1,06
Los mandos interactivos me ayudan a obtener mejores calificaciones	1,73 ± 1,13
Recomiendo que todos los profesores utilicen los mandos interactivos	2,01 ± 1,46
Los mandos interactivos estimulan la interacción con mis compañeros	3,79 ± 1,66
Los mandos interactivos me ayudan a tener *feedback* de lo que sé y lo que no sé	2,92 ± 1,47
Los mandos interactivos hacen fácil conectar ideas entre sí	2,26 ± 1,35
Los mandos interactivos incrementan mi participación en clase	2,97 ± 1,45
Los mandos interactivos son muy útiles en relación con su coste	1,73 ± 1,24
Los mandos interactivos durante esta sesión me han motivado a usarlos más	2,88 ± 1,48

DISCUSIÓN

Conocer la actitud de los estudiantes hacia la especialidad de Radiodiagnóstico es un objetivo interesante de cara a su formación y a la visibilidad de la especialidad en la comunidad médica que ha sido evaluado con anterioridad[1-4], pero no en nuestro entorno. El presente estudio, en el que los estudiantes valoran hacer la especialidad por detrás de otras especialidades médicas más atractivas, ofrece un punto de partida interesante para valorar esta cuestión. Tal vez merezca la pena profundizar en este aspecto con un cuestionario más específico y amplio dirigido a una población universitaria más amplia, abarcando varios centros. El hecho de que 10 alumnos (2,2% de la muestra) propusieran el radiodiagnóstico como la especialidad a elegir como primera opción junto a otras 9 de las más deseables es positivo según nuestro criterio.

Este tipo de estudios basados en cuestionarios anónimos permiten obtener evidencias objetivas y cuantitativas del conocimiento y la interpretación radiológica antes y después de la formación[5]. La obtención de esta evidencia es importante pues permite tomar medidas correctoras para mejorar el aprendizaje.

La falta de diferencias significativas en las preguntas de anatomía radiológica y radiología clínica entre estudiantes de primer y segundo ciclo, así como algunos ejemplos de escaso porcentaje de respuestas correctas habla a favor de la necesidad de reevaluar algunos aspectos básicos de la formación en radiología. Debería haber una mayor participación de anatomía radiológica en la enseñanza reglada de anatomía durante primer y segundo curso, pues la formación en anatomía radiológica mejora la comprensión de la radiología[6] y la anatomía clínica, que el futuro médico va a ver durante su ejercicio profesional, es fundamentalmente la que le proporcionan las imágenes radiológicas.

Es de destacar la tasa de aciertos obtenida por los alumnos de tercer curso (Figuras 2 y 3), igual o superior a la de alumnos de 4º, 5º, o 6º, a pesar de no haber cursado aún la asignatura Radiología, que se impartió en el segundo semestre. Desconocemos la causa, aunque esa promoción, la primera de grado en nuestra facultad ha demostrado ser muy activa y participativa.

Respecto a la baja apreciación de la utilidad de los mandos interactivos de respuesta remota, hay que aclarar que en nuestro centro se dotó a todos los alumnos de un mando, todas las aulas estaban dotadas de software y receptores pero para funcionar exclusivamente en modo examen, desde la plataforma Moodle de nuestra universidad. Su uso obligaba a tener abierta la asignatura del campus virtual al mismo tiempo que la presentación de la clase o seminario, propiciando cierto enlentecimiento de las sesiones que ha conducido a que sean pocos los profesores que implementan dicho recurso en su docencia. Consideramos que el aspecto más rentable de los mandos de respuesta remota es emplearlos durante las presentaciones como forma de mantener a la audiencia conectada a al guion y a los contenidos de la sesión.

CONCLUSIONES

Este estudio da un perfil de la opinión general de los alumnos sobre la radiología a lo largo de la carrera y del nivel de conocimientos antes y después de cursar radiología en tercero.

Se está planteando realizar próximamente la misma encuesta a los alumnos de tercer y sexto curso tras sus respectivas asignaturas de radiología. Sería interesante realizar un estudio similar incluyendo varios centros.

BIBLIOGRAFÍA

1. Adeyekun AA. A post rotation survey of medical students attitude to radiology. Afr J Med Med Sci. 2003 Dec;32(4):405-7.
2. Kazerooni EA, Blane CE, Schlesinger AE, Vydareny KH. Medical students' attitudes toward radiology: comparison of matriculating and graduatingstudents. Acad Radiol. 1997 Aug;4(8):601-7.
3. Soyebi K. Changing students' performance in and perception of radiology. Med Educ. 2008 May;42(5):522.

4. Vidal V, Jacquier A, Giorgi R, Pineau S, Moulin G, Petit P, Girard N, Bartoli JM, Gorincour G. [Radiology as seen by medical students]. J Radiol. 2011 May;92(5):393-404.
5. Sendra-Portero F, Torales-Chaparro OE, Ruiz-Gómez MJ. Medical students' skills in image interpretation before and after training: a comparison between 3rd-year and 6th-year students from two different medical curricula. Eur J Radiol. 2012 Dec;81(12):3931-5.
6. Phillips AW, Smith SG, Ross CF, Straus CM. Improved understanding of human anatomy through self-guided radiological anatomy modules. Acad Radiol. 2012 Jul;19(7):902-7.

2. Actividades de docencia alternativa. Experiencias en la Universidad de Navarra

Jesús Dámaso Aquerreta Beola[1], José Ignacio Bilbao Jaureguizar[1], Loreto García del Barrio[1], Jesús C. Pueyo Villoslada[1], Alberto Benito Boillos[1], David Cano Rafart[1]
[1]Departamento de Radiología. Universidad de Navarra
jdaquerret@unav.es

Resumen

La introducción del grado en medicina ha hecho posible la implantación de nuevos modelos de docencia, permitiendo dar al alumno la posibilidad de aprender de maneras diversas y aprovechar sus diferentes capacidades.

Como posibilidades docentes, además de las tradicionales clases y seminarios prácticos, se han desarrollado diversas iniciativas de docencia alternativa, tratando de evaluar su interés, utilidad y eficacia. En este capítulo mostraremos cuatro de las diversas actividades realizadas en diferentes aspectos de la docencia de la medicina.

El empleo de clickers (dispositivos de respuesta remota) como herramienta docente de interacción entre profesor y alumno, se viene aplicando de forma amplia en muchos centros. Su eficacia en el aprendizaje parece contrastada y en nuestro caso hemos realizado un pequeño análisis sobre su utilidad en la enseñanza de la radiología, concluyendo que su empleo mejora el rendimiento del alumno a largo plazo en el reconocimiento de imágenes.

Por otro lado, la realización de trabajos en grupo permite que el alumno profundice en el autoaprendizaje de forma colaborativa con otros compañeros, buscando como objetivos el que el alumno aprenda a trabajar en equipo, además de permitirle profundizar en aspectos concretos del programa docente.

Estas actividades diferentes requieren evaluaciones acordes con sus objetivos y metodología, para lo cual se pueden aplicar técnicas como los exámenes personalizados, evaluación en escenarios reales o la valoración de trabajos o memorias.

La elaboración de memorias de una actividad docente, es una herramienta que ayuda a reflexionar al alumno acerca de su trabajo, obligándole a explicar cómo ha desarrollado su labor de aprendizaje y que, al mismo tiempo, aporta al profesor un elemento más para la evaluación. Las memorias pueden incluirse como una labor más de su autoaprendizaje, como método para explicar su organización y metodología de trabajo o como documento acreditativo de su actividad. En nuestro centro se utiliza en el trabajo fin de grado, al finalizar las pasantías clínicas y en la realización de trabajos en grupo.

Otro aspecto innovador en evaluación es el del ECOE. Un modelo de evaluación en el que se plantean escenarios prácticos realistas y que permiten al alumno un acercamiento a la realidad cotidiana de la práctica clínica. Se explica el formato en puestos o estaciones de rotación, con evaluación personalizada.

Introducción

Desde el año 2008 en el que comenzó la implantación del Grado en Medicina en la Universidad de Navarra, el departamento de Radiología ha seguido aplicando, aunque ya de forma más continuada e institucionalizada, algunas herramientas o actividades docentes, denominadas alternativas. Estas se diferencian de la docencia clásica, basada en clases y seminarios prácticos, en que desarrollan actividades que pretenden transmitir los conocimientos o estimular el autoaprendizaje, aportando al alumno la variedad metodológica que algunos autores recomiendan[1,2]. De este modo, se pueden aprovechar las diferentes capacidades o modos de aprender que tienen los alumnos, permitiendo que estos desarrollen y destaquen en aquellas que le son más favorables. De entre estas actividades se pueden mencionar: el aprendizaje colaborativo o aprendizaje en grupo, el autoaprendizaje mediante la elaboración de trabajos, la mejora de la interactividad con el profesor mediante dispositivos de respuesta remota o Clickers, las tutorías, las sesiones de aprendizaje basado en casos o problemas, etc. Estas técnicas también requieren una forma de evaluación acorde con la metodología. Al **conjunto de herramientas** que permiten una **valoración cuantitativa y cualitativa** de los **conocimientos** (saber), **competencias** (saber hacer) y **actitudes** (saber ser), demostradas de forma **eminentemente práctica**, durante el proceso de aprendizaje o al final del mismo, es lo que se denomina **evaluación alternativa**. Entre las diversas opciones podemos destacar: la supervisión directa de la actividad desarrollada, la valoración de los documentos que acrediten la labor realizada (Portfolio, memorias), la recogida de datos de las respuestas con los dispositivos remotos, la evaluación de 360°, la autoevaluación o el ECOE (Examen de Competencias Objetivo y Estructurado).

Actualmente, el profesorado de Radiología además de impartir su docencia específica e innovar en la misma, debería participar, al igual que la mayoría del claustro académico, en las diferentes actividades generales de la docencia médica como son: la tutoría clínica, la promoción y evaluación de los trabajos fin de grado, o la colaboración docente en escenarios virtuales o de simulación. En este capítulo pretendemos transmitir parte de nuestra experiencia en estos temas.

REALIZACIÓN DE TRABAJOS EN GRUPO: APRENDIZAJE COLABORATIVO O CORPORATIVO

Robert Slavin[3] definió los trabajos realizados en grupo o **trabajos cooperativos** como "Proceso por el cual los estudiantes trabajan juntos en grupos para dominar el material presentado inicialmente por el instructor o de elaboración propia". Es una actividad docente relativamente conocida y aplicada que, además de favorecer la adquisición de diversas habilidades transversales, encaja con las directrices del plan Bolonia en el sentido de diversificar la metodología del aprendizaje, favorecer el autoaprendizaje y el aprendizaje a través de otros alumnos (pares), así como desarrollar la capacidad de colaboración e interdependencia.

Este proceso de aprendizaje requiere de la interiorización de **tres principios básicos**: La recompensa (premio) es para el equipo, la obligación es individual y todos los componentes deben tener las mismas oportunidades de alcanzar el éxito[3].

Entre los objetivos transversales que pueden obtenerse con esta actividad se incluirían:

1. Distribuir el éxito para motivar
2. Trabajar entre iguales
3. Favorecer la amistad, cooperación y tolerancia.
4. Actitud más activa ante el aprendizaje.
5. Incrementar la responsabilidad
6. Desarrollar la capacidad de cooperación y comunicación
7. Desarrollar competencias intelectuales y profesionales
8. Favorecer el proceso de crecimiento y mejora

Es cierto que, entre los alumnos más responsables, la realización de estas actividades puede suponer un estrés añadido, un ejercicio de paciencia y en ocasiones frustración, además de la generación de un malestar entre compañeros, si la distribución de las cargas de trabajo y el aporte de cada uno de ellos no es equilibrado. Para que esta actividad se desarrolle con cierto éxito, se precisa crear **interdependencia positiva** entre alumnos[4]. Es decir, que cada uno de los elementos del grupo considere que el éxito de la tarea depende de sí mismo y de lo que aporte al grupo, con lo que es necesario aumentar la **responsabilidad individual**. Además, se precisa una estrecha interacción, una relación continuada y fluida basada en las habilidades sociales de sus elementos y, actualmente, con un empleo ágil de las aplicaciones informáticas de relación[5,6]. Finalmente, debe estimularse la autoevaluación del proceso de trabajo grupal, como método de reflexión acerca de la labor propia, y la evaluación por pares para ponderar de forma adecuada la labor de cada uno de los demás integrantes[7].

Para que un grupo tenga éxito, por lo tanto, no basta con que alguno de los elementos esté empeñado en el mismo, sino que todos deben concienciarse de la necesidad de trabajar en la búsqueda de información, de escuchar y aprender de los demás respetando su opinión y valorar, en su justa medida, la labor realizada y el material aportado por el resto de integrantes[8, 9].

Expondremos ahora nuestra experiencia en el desarrollo de esta actividad en los últimos seis años en los que se ha sido incluida, como parte del programa, dentro de la asignatura de Radiología Básica que se imparte en la Universidad de Navarra a alumnos de 2º curso del grado de Medicina.

En dicha asignatura se incluyen diversos contenidos como son: Principios físicos de las técnicas de imagen, radiobiología y radioprotección, y anatomía radiológica, siendo una asignatura obligatoria de 3 ECTS. Este amplio temario permite que cada año se renueven los temas a trabajar en grupo, variando desde los conocimientos básicos de la radiología, su historia, aspectos específicos de la física de las radiaciones, temas diversos de los efectos de la radiación, sus sistemas de medida y protección, hasta incluir aspectos específicos de la anatomía en los diferentes órganos y sistemas (Tórax, abdomen, músculo-esquelético, cabeza y cuello o sistema vascular).

Si bien se considera que el número adecuado de alumnos por grupo, para este tipo de tareas, puede ser de entre cuatro y seis, nosotros hemos establecido grupos de diez alumnos. Esto supone un plus de dificultad y una exigencia mayor a la hora de la organización y el reparto de tareas dentro del equipo.

Para organizar esta actividad, el profesor tiene que ser consciente de que debe realizar una serie de tareas. Algunas previas como: la elaboración del temario de trabajos y su asignación, establecer los grupos y aportar algunas directrices básicas para la elaboración del tema. Durante el proceso, debe estar accesible para apoyar y corregir, mediante tutorías, el desarrollo de las tareas y el contenido del trabajo, resolviendo las dudas que puedan surgir. Finalmente deberá evaluar los resultados basándose en los documentos elaborados y en las opiniones de los propios alumnos.

Dentro de la dinámica de grupo se recomienda que se establezcan y distribuyan roles o áreas de responsabilidad (Dirección, coordinación, secretaría, logística, búsqueda de información, organización y evaluación de la documentación, elaboración de la memoria o del trabajo y la presentación del trabajo).

Todo el proceso debe quedar explicado de forma ordenada en un documento o memoria del mismo. Los elementos que componen una memoria "tipo" suelen ser:

1. Identificación de los miembros del grupo y del tema del trabajo.
1. Actas de las reuniones celebradas con: asistentes, contenido, tiempo dedicado, decisiones tomadas, distribución de tareas, etc.
2. Metodología empleada para la obtención de la información y criterio de selección.
3. Reflexiones acerca de las dificultades encontradas y modo en que se resolvieron.

A este documento se añade el del propio trabajo que, en nuestro caso, requerimos sea en formato de presentación powerpoint (ppt).

Además, cada alumno debe rellenar una hoja de evaluación en la que se incluyan, su nota de autoevaluación y las evaluaciones de los demás elementos del grupo, con un apartado abierto por si precisa realizar comentarios, aclaraciones o plantear sugerencias.

Todo este material permite al profesor realizar una evaluación objetiva acerca del proceso y de sus resultados.

Para que el conjunto de la clase conozca la labor desarrollada por cada uno de los grupos, se realiza una jornada en la que los trabajos son expuestos públicamente por uno de los miembros del grupo, escogido al azar, además de que todas las presentaciones quedan a disposición del alumnado en la intranet para su estudio, como material de apoyo para el aprendizaje y la evaluación final.

Para que la evaluación de esta actividad sea lo más objetiva posible, se han creado rúbricas específicas para la memoria, para el trabajo y para la exposición pública del mismo, de manera que el tribunal evaluador tenga un criterio uniforme. Estas incluyen aspectos formales como el cuidado en la presentación de los documentos o la ausencia de erratas, y aspectos de contenido como el grado de cumplimiento de los diferentes apartados de la memoria o la calidad y profundidad del trabajo científico.

En la hoja de autoevaluación y evaluación por pares también se incluyen unas guías para realizar la misma con aspectos a tener en cuenta como la participación en las reuniones, el grado de cumplimiento de las tareas, la calidad de las aportaciones, la colaboración e implicación del alumno, etc.

Probablemente se considerará que esta actividad requiere mucha dedicación por parte del profesor, y es cierto. La preparación de la actividad, las reuniones de tutoría, la cantidad de mensajes a contestar, la incorporación de todas las notas de evaluación y la evaluación final del trabajo requieren bastantes horas y la colaboración de varios profesores y personal auxiliar o administrativo. Sin embargo, los resultados son satisfactorios para la mayoría de los alumnos, ya que adquieren conocimientos sobre diversos aspectos de la radiología con mayor profundidad, desarrollan habilidades de búsqueda de información, seleccionan, discuten y acuerdan lo que realmente consideran importante o relevante para el trabajo, estructuran el mismo y, finalmente, son capaces de realizar una exposición en público, con cierta soltura, en muchos casos mayor de lo que a un alumno de 2º curso se le presupone, sin olvidar que han trabajado en equipo y han aprendido las dificultades que ello conlleva y las ventajas que una adecuada coordinación aporta.

EL EMPLEO DE CLICKERS EN LA DOCENCIA Y SU UTILIDAD

El empleo de clickers en la docencia es ya conocido[10-14], y probablemente muchos de los que lean estas líneas habrán podido experimentar su utilidad. Algunos estudios demuestran además que el empleo de estos dispositivos mejora los resultados académicos[12-15].

Como resumen de sus ventajas se podría señalar que, en los oyentes, capta y mantiene la atención, mejorando la interacción con el ponente al permitir el feedback o retorno del conocimiento y le permite ser parte activa en el proceso. Estas afirmaciones son ciertas, aunque la experiencia enseña que siempre habrá un pequeño porcentaje de la audiencia que habrá desconectado mentalmente.

Desde el punto de vista del emisor, permite al profesor estar conectado con la audiencia, apreciando su nivel de comprensión, pudiendo realizar evaluaciones formativas para detectar conceptos que sean de difícil comprensión y que requieran una mayor explicación y adecuar el ritmo de la clase a las necesidades de los alumnos. También es posible realizar otras labores como la cuantificación de los oyentes, tanto de forma anónima como nominal asignando los dispositivos individualmente[16].

Su empleo no es difícil, requiriendo la inversión inicial de la compra de los dispositivos de respuesta y del receptor colocado en el ordenador del emisor. Las aplicaciones informáticas para su uso, habitualmente son libres.

En general los alumnos consideran que el empleo de estos dispositivos, tanto en clase como en seminarios prácticos les ayuda a mejorar en la comprensión de la clase, les permite participar en ella o, al menos, les mantiene entretenidos. Para que sean realmente efectivos, no basta solo con su empleo, sino que requiere cumplir una serie de condiciones:

Que las preguntas sean adecuadas.

La pregunta perfecta, teóricamente, es aquella capaz de estimular el debate entre nuestros alumnos, resultar interesante a la vez que desafiante, sirve para detectar dificultades en la comprensión de conceptos entre nuestros alumnos, nos ayuda a valorar si los estudiantes dominan o no la materia… y un largo etcétera difícil de alcanzar.

Por ello, a la hora de redactar e idear las preguntas, no conviene malgastar mucho tiempo intentando crear las preguntas perfectas. Bastará con que sean buenas preguntas. Después, la experiencia nos ayudará a mejorar nuestra habilidad y a formular mejores preguntas cada vez. Las preguntas deberían estar distribuidas a lo largo de la clase, no ser excesivas en número, retar al oyente para que exprima sus conocimientos, que puedan estimular el debate, etc. Hay numerosos ejemplos de cómo plantearlas.[14, 15]

Ajustar el enfoque docente y el ritmo de la clase.

El empleo de clickers conlleva el adaptar el contenido al tiempo, ya que se requiere tiempo suficiente para realizar las preguntas, para obtener las respuestas y explicar o discutir las mismas.

Fomentar la participación del alumno

El clicker puede ser el primer paso para fomentar la participación del alumno, planteándose nuevas cuestiones a partir de los resultados o fomentando una discusión más abierta acerca del tema tratado. El limitarlo a pulsar un botón, sin añadir a ello ciertas reflexiones del porqué de la respuesta correcta, porqué se han dado las respuestas erróneas u otras cuestiones que puedan surgir de los resultados obtenidos, es coartar las posibilidades que esta técnica ofrece.

Entre las **posibilidades de su uso**, se pueden comentar diversas opciones:

Al comienzo de la clase se pueden plantear una serie de cuestiones encaminadas a establecer el nivel de conocimiento u opinión del alumnado acerca de un tema para, a partir de ahí, desarrollarlo de forma más extensa, haciendo mayor hincapié en los aspectos menos conocidos o más controvertidos. También puede servir para determinar el grado de cumplimiento de tareas encomendadas con anterioridad, como la lectura de un artículo o capítulo.

Durante la clase, se pueden ir incorporando cada 10 – 15 minutos preguntas para conocer el grado de atención y comprensión de los conceptos explicados. Es habitual en radiología el plantear preguntas respecto de una imagen, para conocer si el alumno es capaz de aplicar los conocimientos adquiridos.

Al finalizar la sesión, puede servir para ayudar a sintetizar conceptos o extraer conclusiones, hacer encuestas o plantear preguntas para el próximo tema.

Aunque el dispositivo sea individual, esto no impide que puedan discutir entre ellos a la hora de elegir una opción. La discusión entre pares es otra forma de enriquecer el conocimiento, debiendo el profesor abrirse al debate. Finalmente, siempre conviene explicar la respuesta correcta.

El empleo de los clickers **como método de evaluación** debe ser cuidadoso. En general, la técnica permite el desarrollo de cierta picaresca que impide una evaluación formal o estricta, (Sustitución de alumnos, intercambio de dispositivos, repetición de la sesión en otros grupos) por lo que debería emplearse principalmente para evaluaciones formativas y para el fomento de la asistencia y participación, cuantificándose con una pequeña proporción de la nota final. En nuestra opinión, el mayor beneficio para el alumno posiblemente consista en conocer el tipo de preguntas que pueden aparecer en la evaluación final y adaptarse a ellas.

Otra utilidad, no menos importante es la detección de alumnos con mayores dificultades. Su empleo individualizado permite conocer cuáles son los alumnos que muestran un menor número de aciertos y en qué conceptos encuentran mayor dificultad, pudiendo aplicarse medidas de apoyo específicas[16]. Este aspecto, en el ámbito universitario español, está menos desarrollado, aunque puede ser uno de los motivos para la realización de tutorías personalizadas.

Como experiencia docente y para tratar de establecer si el empleo de los dispositivos de respuesta remota estaba siendo útil en la enseñanza de la radiología, se planteó un trabajo que tuvo como sujeto de observación a un grupo de alumnos de 4º de Medicina, que cursaban la asignatura de radiología clínica, con contenidos de semiología y patología torácica. A los alumnos se les proporcionaba bibliografía y disponían del material presentado en clase que incluía todas las imágenes mostradas durante las clases expositivas. Durante las clases, algunos de los casos expuestos eran acompañados de preguntas para responder de forma interactiva y además, al finalizar, se añadían 5 preguntas que trataban de afianzar los conocimientos principales. En la evaluación final, realizada 3 meses más tarde mediante examen tipo test con casos en imagen, se insertaron un 50% de imágenes que habían sido discutidas con clickers y otro 50% de casos que no lo habían sido.

Se realizó un análisis de los resultados y se comprobó que los alumnos respondían de forma correcta en mayor número en los casos trabajados con los clickers y dejaban menos sin contestar respecto a las no trabajadas, siendo la diferencia estadísticamente significativa.

Este trabajo nos confirma la idea de que, aquellos conceptos en los que el alumno adopta un comportamiento activo de aprendizaje, como es la toma de una decisión intentando apoyarse en los conocimientos aprendidos y en la reflexión, queda mejor fijada en la mente que aquellos en los que su actitud es más pasiva y viene a concluir que el aprendizaje interactivo con **clickers** es un método efectivo para la docencia de la radiología, mejorando el **aprendizaje y la retención a largo plazo** de los contenidos docentes[17].

LA EVALUACIÓN DE ACTIVIDADES DE APRENDIZAJE MEDIANTE MEMORIAS

La memoria es un documento escrito que probablemente todos hemos manejado o elaborado con cierta frecuencia, y que tiene como principal cometido el describir con detalle actividades y proyectos que se van a realizar en un futuro o que ya han sido realizados. En el caso de la actividad docente, se refiere principalmente a la **descripción de una actividad realizada por el alumno o por un grupo**. Su extensión y apartados son variables, pudiendo ser de inspiración libre, aunque habitualmente deben ajustarse a requerimientos previos.

La gran mayoría de los alumnos prefieren recibir una serie de indicaciones acerca de los apartados y contenidos, así como limitar su extensión. Estas directrices hacen que las memorias sean relativamente uniformes, permitiendo homogeneizar los criterios de la posterior evaluación. Sin embargo, esto no es óbice para que cada alumno o grupo introduzca aspectos diferenciales, originales o propios de su carácter, que permiten mejorar la calidad final de la memoria.

La estructura o **apartados más habituales** son:
1. La identificación de la actividad y del alumno o grupo de alumnos que la han realizado.
4. Los objetivos de aprendizaje establecidos en la misma, bien por el profesor/tutor o por los propios alumnos.
5. Aspectos de la metodología empleada para su consecución, como son: Distribución de tiempo y tareas, las diferentes actividades realizadas, el material de apoyo escogido y utilizado, etc.
6. Reflexiones sobre la actividad realizada, que pueden incluir aspectos como el porqué del tema escogido, las dificultades encontradas, el modo de superarlas, nivel de consecución de los objetivos, calidad del material empleado, etc.
7. Finalmente es conveniente que incluya una valoración del trabajo personal (autoevaluación) y del realizado por el grupo, así como la valoración de la labor desarrollada por el tutor.

En el ámbito de la docencia universitaria, son varios los campos de aplicación de las memorias[18-22]. En el caso de la Universidad de Navarra se solicita la elaboración de una memoria cada vez que el alumno concluye una estancia clínica o como complemento a la realización de trabajos individuales o de grupo, siendo un elemento más para realizar la evaluación. Analizaremos a continuación tres ejemplos de esta actividad.

Trabajos en grupo

Como ya se ha comentado en un apartado anterior, dentro de las actividades de la asignatura de "Radiología básica", impartida en segundo curso, los alumnos realizan un trabajo en grupos reducidos. Como parte de dicho trabajo se les solicita la elaboración de una memoria de dicha actividad, que permite determinar el cómo se han organizado.

En nuestra experiencia, los alumnos de 2º curso apenas se han ejercitado en la elaboración de memorias de actividad. A pesar de disponer de una serie de recomendaciones acerca de su elaboración, existe una gran variedad y disparidad de presentaciones, aunque en general limitadas a "cumplir el expediente". A pesar de ello y dado que uno de los objetivos de la realización de esta actividad es el que aprendan a trabajar en equipo, dicha memoria nos permite conocer el grado de organización del grupo, la distribución de las tareas a cada uno de sus miembros, el grado de participación y el aprovechamiento del tiempo, aportándonos la información necesaria para evaluarlo. Estos aspectos se complementan con unas hojas de evaluación, que permiten la autoevaluación y la evaluación de los demás miembros del grupo de forma individualizada.

Memorias de estancia clínica

Las memorias de la estancia clínica pretenden ser un documento donde queden reflejadas las actividades desarrolladas, a modo de portfolio, y que sirva de reflexión acerca del aprendizaje.

Los alumnos que acuden de pasantía clínica a **Radiología**, lo hacen durante 5º curso. Sus memorias reflejan ya su experiencia en la elaboración de estos documentos, cumpliendo los criterios recomendados de forma amplia y con una presentación esmerada, siendo un documento que apoya la evaluación junto con la opinión de los tutores y la calidad de presentación de un caso clínico. Elaborar este documento, según su propia opinión, obliga al alumno a una mayor implicación en la pasantía, estando atento a los casos que van surgiendo, a participar en las sesiones clínicas, a cumplir los objetivos marcados y a aprender la sistemática de lectura de las exploraciones, la terminología empleada en la descripción de las alteraciones, a plantear el diagnóstico diferencial y a profundizar en algunas de las patologías más comunes.

Trabajo fin de grado (TFG)

El TFG es una actividad que se ha planteado con la llegada del Grado a Medicina, que pretende que el alumno se familiarice con la investigación clínica, aunque sea de forma básica. Su temática puede ser muy variada, y el formato de realización y presentación lo establecen las propias universidades.

En la Universidad de Navarra se ha optado por la realización de un trabajo bajo la supervisión de un profesor, para que finalmente pueda ser expuesto públicamente a modo de comunicación científica.

Entre los documentos a entregar con el TFG, el alumno debe elaborar una memoria que incluya tanto el trabajo en sí, de forma estructurada como trabajo científico, como una explicación de la metodología empleada en su elaboración en formato más libre. En ella se refleja la amplia experiencia de los alumnos de 6º curso en estos menesteres, permitiendo conocer el tipo y calidad del trabajo realizado, porqué escogió el tema, cómo lo planteó y se organizó para elaborarlo, como resolvió los problemas que le fueron surgiendo, el grado de consecución de los objetivos, etc.

Para que la **evaluación** sea objetiva, es preciso elaborar rúbricas específicas de cada una de las actividades que, además de tener en cuenta los objetivos, deberían incluir el análisis tanto de los **aspectos formales** como de **contenido**. Entre los primeros destacaremos: el cuidado y calidad de la presentación, su estructura, el respeto a las normas dadas, la ausencia de erratas, etc.

De los segundos, en el caso del **trabajo en grupo**, se considerará la cantidad, calidad y grado de consecución de los objetivos, la organización y distribución de las tareas, el número de reuniones y el tiempo dedicado a las mismas, bibliografía y materiales empleados, reflexiones y conclusiones del grupo acerca del trabajo.

En el caso de la **estancia clínica**, debe incluir una exposición de los objetivos marcados al inicio, organización y aprovechamiento de la estancia en las diferentes secciones radiológicas, patologías prevalentes estudiadas y material de apoyo empleado, reflexiones acerca del nivel de consecución de los objetivos marcados inicialmente y sus conclusiones. Además debe incluir un caso clínico trabajado por el alumno y que debe ser presentado al finalizar la pasantía.

Junto a estos datos se le solicita al alumno que evalúe, tanto las diferentes actividades desarrolladas como a los responsables de la misma. Estos datos permiten realizar mejoras en aquellos aspectos peor evaluados, aunque en general las evaluaciones son excelentes y la elaboración de una memoria estructurada se considera positiva.

Para el **TFG**, la rúbrica contempla principalmente si los diferentes apartados del trabajo científico (Introducción, material y método,…) están adecuadamente estructurados y sus contenidos son acordes, además de analizar las reflexiones expresadas y la adecuación del trabajo a los objetivos establecidos.

El valor o importancia que se le da a la memoria en la evaluación final es diferente en cada una de las actividades y depende de la importancia que ella tenga en la demostración de la consecución de los objetivos, pudiendo variar desde un 10% hasta un 50% de la nota final.

El ECOE

El examen de Competencias Objetivo y Estructurado es una forma de **evaluación alternativa** que consiste en valorar el desempeño del alumno ante una serie de situaciones similares a la actividad real. Generalmente se estructura mediante la realización de un itinerario por distintos puestos (estaciones) donde el alumno tiene que enfrentarse y dar solución a diferentes situaciones clínicas habituales en el quehacer diario del médico[23].

Los objetivos que se pretenden evaluar son diversos, e incluyen:

- Demostrar la capacidad de relación con pacientes
- Valorar conocimientos de práctica clínica
- Capacidad de deducción de juicios diagnósticos
- Manejo de la información médica (Historia clínica informatizada, vademécum, guías clínicas,…)
- Demostrar sus habilidades en procedimientos básicos y su capacidad para enfrentarse a situaciones de riesgo vital para el paciente.

Para ello, se pueden disponer diferentes escenarios o estaciones que pueden incluir:

1. **Pacientes simulados**: Actores o pacientes dispuestos a ello ponen a prueba no solo las habilidades que el alumno dispone para extraer información, sino también la actitud que muestra ante el paciente, el modo de interactuar y establecer la empatía, el aplomo o seguridad, la profesionalidad, etc.

    En este apartado se pueden establecerse objetivos concretos como: la valoración de la comunicación directa o telefónica con el paciente; la elaboración de la historia clínica o la obtención de una adecuada exploración física; la prescripción, la revisión o la resolución de problemas de tratamiento; la información y obtención del consentimiento informado de pruebas; la comunicación de malas noticias, etc.

2. **Casos clínicos:** La valoración de casos clínicos ya estructurados con información relevante que deba ser valorada por el alumno, es otra modalidad muy empleada. En ellos pueden destacarse algunos datos clínicos y de exploración, junto con el aporte de pruebas complementarias (Analítica, ECG, Sonidos cardíacos y técnicas de imagen)

    En este contexto y dentro del ámbito de la radiología, la solicitud adecuada de pruebas radiológicas, la interpretación de las pruebas básicas o la interpretación y manejo de la información obtenida con las mismas, pueden ser algunos de los objetivos específicos a evaluar.

    Una forma de estructurar el caso puede ser en fases o preguntas escalonadas: Se inicia con el aporte de los datos básicos de la Hª Cª y en base a los mismos se solicita una orientación diagnóstica, de la que se deducirá la solicitud o no de pruebas complementarias. Tras su obtención se solicitará una valoración de las mismas. Específicamente en pruebas de imagen se pueden establecer preguntas de tipo técnico: ¿Qué tipo de prueba es?, de tipo semiológico ¿Qué alteraciones detecta?, patológico ¿Qué diagnóstico diferencial se plantea? o terapéutico ¿Qué le recomendaría?

Cada una de las preguntas requerirá una cuantificación de su valor dependiendo de la dificultad y la importancia de la misma en el contexto del caso.

3. **Centro de simulación**: Es cada vez más frecuente que las universidades dispongan de centros de simulación cuya misión consiste en que el alumno **adquiera y perfeccione los conocimientos y competencias** en el manejo de situaciones clínicas, sin poner en riesgo al paciente (habilidades clínicas y no clínicas: trabajo en equipo, comunicación, análisis de decisiones, manejo de situaciones crítica con RCP, pacientes con politrauma)

   Entre las diferentes opciones se incluye el manejo de equipos como el ecógrafo, que puede incluir aplicaciones o programas de simulación de diferentes patologías que deben ser descritas e interpretadas.

   Además, los diferentes simuladores humanos permiten ejercitarse en la realización de punciones, sondajes, suturas, valoración del fondo de ojo, otoscopia, etc.

4. **Habilidades quirúrgicas básicas:** Entre los objetivos planteados en esta área se pueden destacar, por su implantación sencilla, el reconocimiento de material quirúrgico básico, su manejo o el desempeño del alumno en áreas quirúrgicas. Estas pruebas en ocasiones consisten en la detección de errores de actuación en quirófano, como en el lavado de manos, mediante videos.

5. **Manejo informático de la información:** En este apartado, cada día más necesario, conviene establecer una serie de habilidades básicas como la búsqueda de información bibliográfica (manejo de bases de datos, guías clínicas, terapéutica) la elaboración de presentaciones en powerpoint, manejo de tablas Excel, estadística básica, etc.

La implantación de un ECOE requiere una amplia infraestructura y la colaboración del personal docente estableciendo objetivos, elaborando las estaciones y dedicando tiempo a la evaluación personalizada de cada alumno. Sin embargo, la actuación en situaciones reales, con evaluación de conocimientos, habilidades teóricas y prácticas, y de actitudes del alumno son cada día más necesarias y convenientes. En general está muy bien valorada por los alumnos, que encuentran el complemento idóneo para poner en práctica la teoría y habilidades aprendidas[23-24].

Conclusiones

La implantación de nuevas metodologías docentes en Medicina viene siendo una necesidad, lo que permitirá una mejora de la educación de los futuros facultativos, tratando de aumentar el componente de reflexión, de autoaprendizaje y de adquisición de habilidades prácticas.

Las actividades de aprendizaje cooperativo o en grupo, permiten obtener habilidades tanto propias de la materia clínica como transversales de relación o cooperación entre iguales.

El empleo de dispositivos de respuesta remota permite la interactividad alumno profesor, favoreciendo el aprendizaje.

Los sistemas de evaluación de estas nuevas metodologías, debe ser acorde a los objetivos y al método empleado, debiendo asemejarse a la actividad que el alumno desarrollará en su vida laboral futura.

Bibliografía

1. European Society of Radiology (ESR). Undergraduate education in radiology. A white paper by the European Society of Radiology. Insights Imaging (2011) 2:363–374
2. Global minimum essential requirements in medical education. Institute for International Medical Education, White Plains, New York, USA. Disponible en http://www.iime.org/documents/gmer.htm Ultimo acceso 15 de abril de 2015
3. Slavin RE. Co-operative Learning: Theory, Research, and Practice. (2nd edition), Boston: Allyn and Bacon. 1995
4. Slavin RE. Co-operative learning: what makes groupwork work? Disponible en http://www.successforall.org/SuccessForAll/media/PDFs/CL--What-Makes-Groupwork-work.pdf Ultimo acceso 21 de marzo de 2015
5. Goodwin MW. Cooperative Learning and social skills: what skills to teach and how to teach them. Intervention in school and clinic, 1999; Vol.35 (1):29-33.
6. Pérez Sancho C. (2003). Cómo desarrollar habilidades sociales mediante el aprendizaje cooperativo. Aula de innovación educativa, ISSN 1131-995X, 2003; 125:63-67
7. Johnson D. W., Johnson R.T. y Holubec EJ. Los nuevos círculos del aprendizaje. La cooperación en el aula y la escuela. Argentina: Aique Grupo Editor S.A. (1999).
8. Lara S. Una estrategia eficaz para fomentar la cooperación. Estudios sobre educación. Globalización y educación. 2001; 001:99-110.

9. Lara S. y Naval C. "La cooperación a través de la red: una guía de recursos". En Naval C. (Ed.), Participar en la sociedad civil. Pamplona: EUNSA. 2002.
10. Ribbens E. Why I Like Clicker Personal Response Systems. Journal of College Science Teaching, 2007; 37:60-62.
11. Maleck M, Fischer MR, Kammer B, Zeiler C, Mangel E, Schenk F, Pfeifer KJ. Do computers teach better? A media comparison study for case-based teaching in radiology. Radiographics 2001; 21:1025–1032
12. Caldwell J. E. Clickers in the Large Classroom: Current Research and Best-Practice Tips. Life Cience Education, 2007; 6:9-20.
13. CU Science Education Initiative and the UBC Carl Wieman SEI. An instructor's guide to the effective use of personal response systems ("clickers") in teaching. Disponible en: http://www.cwsei.ubc.ca/resources/files/Clicker_guide_CWSEI_CU-SEI_04-08.pdf Último acceso 30 de marzo de 2015
14. Reay B. Students who use "Clickers" score better on physics test. http://researchnews.osu.edu/archive/clickers.htm Ultimo acceso 18 de abril de 2015
15. Levesque AA. Using clickers to facilitate development of problem-solving skills. CBE Life Sci Educ. 2011; 10(4):406-17
16. Griff ER, Matter SF. Early identification of at-risk students using a personal response system. British Journal of Educational Technology, 2008; 39(6):1124-1130
17. Millor M, Etxano J, Slon P, García-Barquín P. Villanueva A. Bastarrika G. et al. Use of remote response devices: an effective interactive method in the long- term learning. Eur Radiol. 2015; 25(3):894-900
18. Grupo GIDOCUZ. Materiales / Técnicas y ejemplos de actividades para mejorar los resultados de los trabajos en equipo. http://ice.unizar.es/gidocuz/calidad/materiales_07.php. Último acceso 30 de marzo de 2015
19. Grupo GIDOCUZ. Materiales / Técnicas y actividades para la elaboración de documentos escritos. http://ice.unizar.es/gidocuz/calidad/materiales_05.php Último acceso 30 de marzo de 2015
20. Raposo M, Sarceda MC, ¿Cómo evaluar una memoria de prácticas? Un ejemplo de rúbrica en el ámbito de las nuevas tecnologías. http://webs.uvigo.es/portalvicfie/arquivos/xor_02_avaliar_memoria_practicas.pdf. Último acceso 30 de marzo de 2015

21. Escalona Orcao, A.I. Loscertales Palomar, B. El trabajo en equipo y la formación del geógrafo. Problemas y retos. Geographicalia, nueva época, 2006; 50:45-58
22. Escalona AI, Loscertales B. Actividades para la enseñanza y el aprendizaje de competencias en el marco del Espacio Europeo de Educación Superior. Ed. Prensas Universitarias de Zaragoza. 2005;110-4:97-98
23. http://www.unav.edu/web/facultad-de-medicina/ecoe. Último 30 de marzo de 2015
24. http://www.youtube.com/watch?feature=player_detailpage&v=eSTTonnpbVk. Último acceso 30 de marzo de 2015

3. Radiology and Physical Medicine Weblog.

Implantación y Dinamización de un "Entorno Cooperativo de Aprendizaje 2.0" en el Departamento de Radiología y Medicina Física

Mª Isabel Núñez Torres[1], Juan Antonio García Huertas[2]; Mª Escarlata López Ramírez[3];
Juan de Dios López-González Garrido[1]; Francisco Ramírez Garrido[1]; J. Maximiliano
Garófano Jerez[1]; Mercedes Villalobos Torres[1]; Nicolás Olea Serrano[1]
[1]Departamento de Radiología y Medicina Física. Universidad de Granada;
[2]Colaborador Externo. Consultor Experto en Docencia y Web 2.0;
[3]Coordinadora Oncología Radioterápica ONCOSUR. Hospital La Inmaculada. Granada.
isabeln@ugr.es, jaghgr@gmail.com, doctoraescarlata@gmail.com, jdlopezg@ugr.es,
francisco.ramirez.sspa@juntadeandalucia.es, jmgarofano@ugr.es, villalob@ugr.es,
nolea@ugr.es

Resumen

El Departamento de Radiología y Medicina Física de la Universidad de Granada ha apostado por un replanteamiento de los procesos de aprendizaje mediante el aprovechamiento de las Nuevas Tecnologías de Información y la Comunicación (NTICs), en general, y de las herramientas que proporcionen la Web 2.0 en particular. Se fomenta la participación didáctica programada interactiva y social de estas herramientas 2.0, cuyo uso le es familiar y amigable a los/las alumnos/as para consolidar conceptos y poner en práctica los conocimientos adquiridos a través de actividades programadas (tareas y prácticas online cooperativas). Creemos que esta iniciativa desarrollada para la implantación del Weblog "Radiology and Physical Medicine", puesta en marcha mediante un Proyecto de Innovación Docente de la Universidad de Granada, puede proporcionar las bases para construir una metodología docente acorde a las exigencias del Espacio Europeo de Educación Superior (EEES), que contribuya a que el alumnado consolide sus conocimientos, consiguiendo a la vez una mayor implicación de éste en el proceso de enseñanza-aprendizaje.

Introducción

El presente Proyecto de Innovación Docente (PID)[1] se adapta al proceso de enseñanza-aprendizaje de las directrices marcadas por el Espacio Europeo de Educación Superior (EEES). Por ello, se hace necesaria una nueva concepción de la formación académica, centrada en el aprendizaje del alumno, y una revalorización de la función docente del profesor universitario que incentive su motivación y que reconozca los esfuerzos encaminados a mejorar la calidad y la innovación educativa[2, 3].

La Universidad es uno de los centros generadores más importantes de conocimiento, se hace necesario explotar la experiencia científica alcanzada, aplicando y trasladando a su entorno los avances adquiridos, de forma que se favorezca el progreso del alumnado, del profesorado, de los/las pacientes y la sociedad en general. En este sentido, la transferencia del conocimiento y la facilitación de la participación se constituyen también en misiones de la Universidad. Particularmente, en el artículo 182.1.de los estatutos de la Universidad de Granada se establece que uno de sus objetivos esenciales es "la investigación, fundamento de la docencia y un instrumento primordial para el desarrollo social a través de la transferencia de sus resultados a la sociedad".

Los especialistas en didáctica buscan utilizar las opciones de innovación y mejora docentes que ofrece la Web 2.0 para el aprendizaje institucional, ya que ésta supone un salto cualitativo que permite un uso educativo más creativo, participativo y social de Internet[4-6].

Con la implantación del Weblog se ha conseguido que:

1) La participación activa del alumnado mediante la elaboración de diversas tareas: casos clínicos, la crítica de artículos científicos, la redacción de "posts" breves y la confección de píldoras científicas que se han considerado como tareas obligatorias y han formado parte de su evaluación final.

Además, se han dado a conocer diferentes herramientas on-line (detalladas en el apartado herramientas implantadas en el Weblog) que les han permitido una mejor comprensión de los conceptos aprendidos en clases teóricas a través de "posts" y comentarios del Weblog, el banco de imágenes social, el canal online de presentaciones y videos, así como profundizar en temas de interés que estarían ausentes de la programación docente o han sido explicados con poca profundidad por falta de tiempo.

2) El profesorado del departamento mejore la gestión interna del conocimiento de sus materias académicas y otras relacionadas actualizando, consolidando y divulgando la información académica, científica y las buenas prácticas docentes.

3) Se difunda ampliamente la información de modo bilingüe (español/inglés) en el contexto de globalización en el que actualmente nos encontramos inmersos.

Con el presente PID, se pretende mejorar el proceso de aprendizaje mediante el aprovechamiento de las Nuevas Tecnologías de Información y la Comunicación (NTICs), en general, y de las herramientas que nos proporciona la Web 2.0 en particular[7]. Con la participación didáctica programada interactiva y social de estas herramientas 2.0, cuyo uso le es familiar y amigable a los/las alumnos/as que consolidan conceptos y ponen en práctica los conocimientos adquiridos a través de actividades programadas (tareas y prácticas online cooperativas). Creemos que todo ello puede contribuir a que el alumnado consolide sus conocimientos, consiguiendo a la vez una mayor implicación de éste en el proceso de enseñanza-aprendizaje.

OBJETIVOS

La utilización del Weblog junto con otras herramientas 2.0 puede constituir un sistema excepcionalmente valioso para la visualización y el entendimiento de conceptos científicos y académicos que, de otro modo, podrían ser difíciles de asimilar por su complejidad y grado de actualización.

Creemos que puede constituir un método eficaz para iniciar y motivar al alumnado en el estudio de dos asignaturas del GRADO en Medicina de la Universidad de Granada:

- Imagen Médica e Instrumentación (2° curso).
- Radiología y Medicina Física (4° curso).

Es importante destacar que el Grado de Medicina se encuentra en período de implantación en la Facultad de Medicina de la Universidad de Granada. Durante el curso académico 2013/14 se ha impartido por primera vez 4° curso de Grado, por lo que el número total de alumnos en esta titulación ha sido 1026 (Memoria Académica Facultad de Medicina, curso 2013/14). Por esta razón, los alumnos implicados en este proyecto representarían en torno a un 30% del total de éstos.

Los objetivos que se han alcanzado con la implantación de este WEBLOG han sido:

1. Estimular los procesos de enseñanza-aprendizaje mediante el desarrollo de una nueva estrategia docente cooperativa denominada "Radiology and physical medicine weblog (www.radiologyandphysicalmedicine.com);
8. Mejorar la metodología docente empleada en las clases teóricas y prácticas;
9. Consolidar un equipo docente intradepartamental;
10. Promover la utilización innovadora de recursos académicos y científicos del Departamento de Radiología y Medicina Física;
11. Divulgar, mediante el Weblog la actividad académica del Departamento de Radiología y Medicina Física;
12. Propiciar e institucionalizar la buena práctica docente y los recursos didácticos de este weblog mediante la elaboración de un "Informe de Evaluación y Resultados y otro de Buenas Prácticas" que se divulgará en el propio Weblog (medio de difusión online) y en el Repositorio de la Universidad de Granada para que sirva de elemento de reflexión crítica y para la transferencia de esta metodología didáctica a otras instancias académicas.

HERRAMIENTAS IMPLANTADAS EN EL WEBLOG

En la Tabla I se detallan las características de las herramientas implantadas en el weblog de Radiología y Medicina Física. De forma resumida éstas han sido:

1) alerta de noticias científico-académicas; 2) banco de imágenes social; 3) herramientas Really Simple Syndication (RSS); 4) directorio de recursos docentes Online; 5) agenda Online de eventos científico-académicos; 6) canal de presentaciones Online; 7) canal de video Online; 8) repositorio documental didáctico online.

Como se ha detallado en el apartado de objetivos, el ámbito de actuación del Weblog han sido las asignaturas de "Imagen Médica e Instrumentación" y de "Radiología y Medicina Física". En dichas asignaturas, la implantación del presente proyecto de innovación docente ha estado garantizada ya que tanto la coordinadora como los/las profesores/es que participan en el PID imparten docencia teórica y práctica en estas asignaturas desde su implantación. Además, la coordinadora de este proyecto es responsable académica de ambas asignaturas. La colaboradora profesional externa ha participado en actividades docentes relacionadas con ambas asignaturas. Finalmente, la labor que ha realizado el miembro del PAS ha sido, por otra parte, crucial pues conoce con detalle el funcionamiento administrativo y de gestión del Departamento de Radiología y Medicina Física.

Esto favorece la participación estrecha y coordinada de todos los/las integrantes para la consecución del proyecto docente. Además, constituye una iniciativa encaminada a fomentar nuestro trabajo como "equipo docente" (adoptando herramientas comunes consensuadas que den homogeneidad a la enseñanza de nuestras asignaturas). Por todo ello, creemos factible el desarrollo de esta iniciativa.

Junto a todo lo anterior, ha sido destacable la incidencia positiva que la puesta en marcha del proyecto ha tenido en la visibilidad exterior del departamento (17.704 visitas desde su implantación en enero de 2014, contabilizadas el 4 de mayo de 2015). Sin duda, el weblog ha mejorado las relaciones y conexiones con otras organizaciones académicas, asociaciones científicas, etc.

Esta experiencia piloto realizada con las asignaturas de ***imagen médica e instrumentación*** y ***radiología y medicina física*** ha tenido un buen grado de acogida por parte del alumnado y ha servido para valorar la mejora efectiva de la actividad docente. En la Figura 1 se muestra el Weblog con algunas de las entradas ("critiquing scientific papers") realizadas por los alumnos desde que se ha puesto en marcha este entorno cooperativo de aprendizaje. La implantación real del proyecto y su mantenimiento en el futuro quedan garantizados al contar con el aval de la dirección del departamento. Consideramos que, una vez implantando, supondrá un cambio progresivo de mentalidad que contribuirá a su sostenibilidad.

Tabla I. Herramientas implantadas en el weblog de Radiología y Medicina física

	Definición	Utilidad	Autores	Beneficiarios	Indicadores del Resultado
Alerta de noticias científico-académicas	Servicio gratuito de supervisión y notificación automática de contenidos	Supervisión y notificación automática de contenidos mediante "Google Alerts"	Herramienta automática	Alumnado y profesorado del ámbito de la Radiología	Número de términos de alertas relacionados y número de alertas mensuales contabilizadas
Banco de imágenes social	Herramienta 2.0 para gestionar imágenes on line	Gestión de imágenes de contenido académico-científico		Alumnado y profesorado del ámbito de la Radiología	Número de imágenes publicadas en la herramienta
Herramienta RSS	Formato XML para compartir contenido en la Web	Acceso a entradas publicadas en el weblog	Herramienta automática	Alumnado y profesorado del ámbito de la Radiología y de otras entidades	Puesta en marcha efectiva de servicio RSS
Directorio de recursos docentes para alumnado	Listado de recursos docentes on line	Actualización y clasificación de información académica y científica	Los participantes (profesores, colaboradores) en el proyecto de innovación docente	Alumnado y profesorado del ámbito de la Radiología	Número de recursos docentes publicados on line
Agenda online de eventos científico-académicos	Agenda on line de eventos científico-académicos sobre el área	Actualización de eventos científico-académicos (cursos, seminarios, etc.).	Los participantes (profesores y colaboradores) en el proyecto	Alumnado y profesorado del ámbito de la Radiología	Número de eventos científico-académicos publicados on line
Canales de presentaciones on line	Herramienta 2.0 para compartir, en público o en privado, presentaciones en PowerPoint, OpenOffice, PDF, Portafolios	Ordenación y publicación de presentaciones de contenido académico-científico.	Los participantes (profesores, colaboradores y alumnos) en el proyecto	Alumnado y profesorado del ámbito de la Radiología	Número de presentaciones publicadas en la herramienta
Canales de vídeo on line	Herramienta 2.0 para subir y compartir vídeos	Ordenación y publicación de vídeos de contenido académico-científico.	Los participantes (profesores y colaboradores y alumnos) y otras personas invitadas del proyecto de innovación docente	Alumnado y profesorado del ámbito de la Radiología	Número de presentaciones publicadas en la herramienta
Repositorio documental didáctico online	Alojamientos de archivos en carpetas designadas	Biblioteca on line de recursos multimedia que puede ser compartida	Los participantes (profesores, colaboradores y alumnos) e invitados del proyecto	Alumnado y profesorado del ámbito de la Radiología	Puesta en marcha efectiva del repositorio didáctico on line

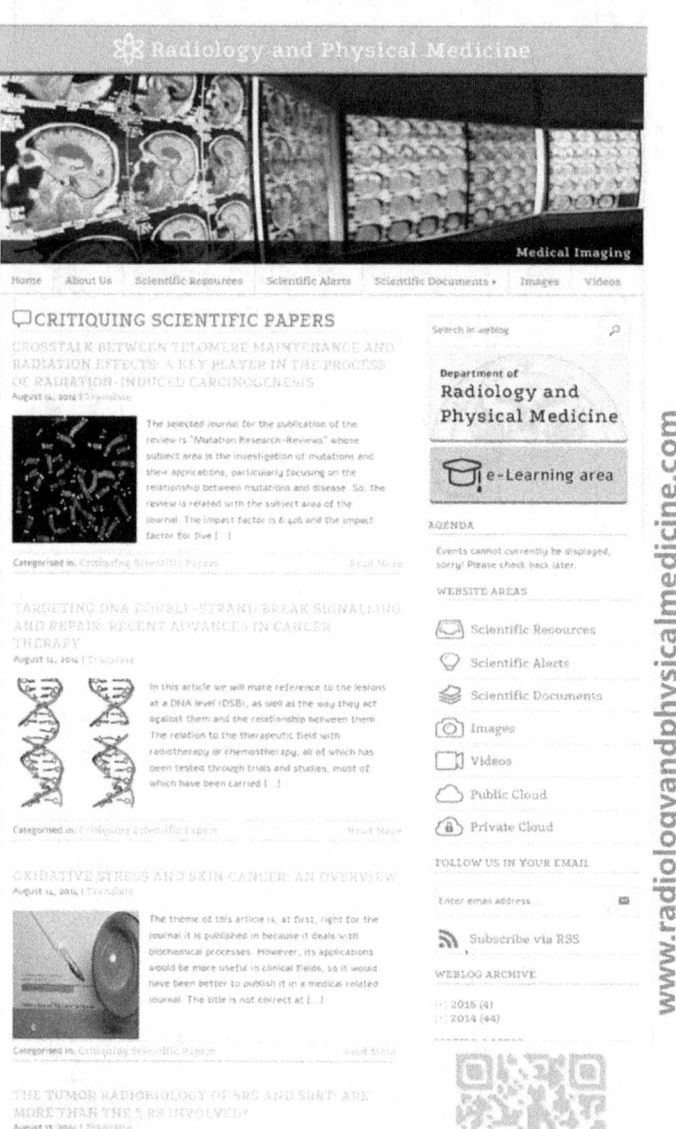

Figura 1. Weblog de Radiología y Medicina Física

Financieramente también será viable en el futuro, ya que el desembolso necesario se ha realizado al inicio del proyecto y después se puede mantener la infraestructura on line creada con la actividad normal del departamento.

Finalmente indicar que, mediante este PID fomentar la puesta en práctica de los conocimientos adquiridos a través de actividades programadas (tareas y prácticas online cooperativas) realizadas en el entorno de aprendizaje 2.0, lo que creemos ha sido especialmente útil para afianzar las bases teóricas adquiridas con antelación y motivar la participación e implicación del alumnado mediante el trabajo autónomo.

CONCLUSIONES

La participación del alumnado, del profesorado y de los colaboradores externos implicados en esta experiencia piloto, ha sido fundamental para la implantación del Weblog "Radiology and Physical Medicine". Se ha promovido la utilización innovadora de recursos académicos y científicos del Departamento de Radiología y Medicina Física de la Universidad de Granada, a través de las herramientas 2.0 del entorno de aprendizaje, a la vez que se ha divulgado, mediante el Weblog, la actividad académica de dicho Departamento. Además, este Weblog ha permitido que el/la estudiante adquiera hábitos y competencias que le predispongan a tener una formación continuada y autónoma, haciéndole partícipe tanto de su propia formación como del sistema de evaluación. Creemos que este PID está proporcionando las bases para construir una metodología docente acorde a las exigencias del EEES que ha sido muy apropiada y eficaz para iniciar y motivar al alumnado en el estudio de dos asignaturas del Grado en Medicina: a) Imagen Médica e Instrumentación (optativa, 2º curso); b) Radiología y Medicina Física (obligatoria, 4º curso).

Por todo lo anterior, consideramos que el Weblog de Radiología y Medicina Física ha contribuido a que el alumnado consolide sus conocimientos en nuestra área, consiguiendo, a la vez, una mayor implicación de éste en el proceso de enseñanza-aprendizaje.

BIBLIOGRAFÍA

1. Weblog "RADIOLOGY AND PHYSICAL MEDICINE WEBLOG":
2. www.radiologyandphysicalmedicine.com
3. Villar LM, Alegre OM. Manual para la excelencia en la enseñanza superior. Mc Graw Hill. Madrid; 2004
4. Zabalza MA. Competencias docentes del profesorado universitario. Calidad y desarrollo profesional. Narcea. Madrid; 2003.

5. Bauerová D, Sein-Echaluce ML. Herramientas y metodología para el trabajo cooperativo en red en la Universidad. Revista interuniversitaria de formación del profesorado. 2007; 21 (1), 6591-8638.
6. Romero M y Guitert M. Diseño y utilización de un entorno de aprendizaje colaborativo basado en la web 2.0; 2012.
7. Friere, J (2007). Los retos y oportunidades de la web 2.0 para las universidades. En Jiménez Cano R y Plop F, eds. La gran Guía de los Blogs, 2008; p. 82-90. Madrid: El Cobre.
8. Esteve F. Bolonia y las TIC: de la docencia 1.0 al aprendizaje 2.0. La cuestión universitaria, 2009; 5, 59-68.

4. Resultados de la implantación del Weblog de Radiología y Medicina Física: Radiology and Physical Medicine Weblog

Juan Antonio García Huertas[1]; Escarlata López Ramírez[2]; Mª Isabel Núñez Torres[3]; Juan Villalba Moreno[3]; Francisca Gutiérrez Rienda[3]; Mercedes Villalobos Torres[3]; Nicolás Olea Serrano[3]

[1]Colaborador Externo. Consultor Experto en Docencia y Web 2.0.
[2]Coordinadora Oncología Radioterápica ONCOSUR. Hospital La Inmaculada. Granada.
[3]Departamento de Radiología y Medicina Física. Universidad de Granada.
jaghgr@gmail.com, doctoraescarlata@gmail.com, isabeln@ugr.es, jvillal@ugr.es, radiolgia@ugr.es, villalob@ugr.es, nolea@uger.es

Resumen

La concesión del proyecto de innovación docente titulado "RADIOLOGY AND PHYSICAL MEDICINE WEBLOG" Implantación y Dinamización de un "Entorno Cooperativo de Aprendizaje 2.0" en el Departamento de Radiología y Medicina Física, ha permitido poner en marcha esta experiencia piloto que se enmarca dentro del Grado de Medicina de la Universidad de Granada. Concretamente, esta metodología se ha aplicado a la enseñanza de dos asignaturas impartidas por nuestro Departamento, "Imagen Médica e Instrumentación", optativa de segundo curso y "Radiología y Medicina Física", obligatoria de cuarto curso. Se ha logrado que: 1) Los alumnos participen activamente con comentarios de casos clínicos, la crítica de artículos científicos, la redacción de *posts* breves y la confección de píldoras científicas como tareas obligatorias y parte de su evaluación final; 2) El profesorado del Departamento mejore la gestión interna del conocimiento de sus materias y otras relacionadas 3) Se difunda la información de modo bilingüe (español/inglés) lo que le ha dado mucha visibilidad al Weblog.

Introducción

El presente Proyecto de Innovación Docente (PID)[1] "RADIOLOGY AND PHYSICAL MEDICINE WEBLOG: Implantación y Dinamización de un "Entorno Cooperativo de Aprendizaje 2.0" se enmarca dentro de la Acción 2 del Programa de Innovación y Buenas Prácticas Docentes de la Universidad de Granada: "Innovación en metodologías docentes para clases teóricas y prácticas" (aprendizaje cooperativo, clases prácticas, mejora de las metodologías docentes)[2].

Se adapta al proceso de enseñanza-aprendizaje de las directrices marcadas por el Espacio Europeo de Educación Superior (EEES)[3], el cual se sustenta en tres principios básicos: 1) fomento de la participación y autonomía del estudiante, 2) utilización de metodologías más activas y 3) papel del profesorado como agente creador de entornos de aprendizaje que estimulen a los alumnos.

El Departamento Radiología y Medicina Física de Granada desarrolla, además de las correspondientes tareas docentes, una intensa actividad relacionada con la investigación, la innovación y la transferencia del conocimiento por lo que debe adaptarse a este nuevo paradigma.

El cambio tecnológico causado por las herramientas de la Web 2.0 ha generado un cambio cultural en lo relativo a los tipos de comunicación, el conocimiento y los procesos de aprendizaje[4].

Desde el Departamento de Radiología y Medicina Física de la Universidad de Granada se ha apostado, con el presente PID, por un replanteamiento, en general, de los procesos de aprendizaje mediante el aprovechamiento de las Nuevas Tecnologías de Información y la Comunicación (NTICs) y, en particular, de las herramientas que nos proporciona la Web 2.0[4].

OBJETIVOS

Los objetivos que ser formularon para el PID "RADIOLOGY AND FHYSICAL MEDICINE WEBLOG: Implantación y Dinamización de un "Entorno Cooperativo de Aprendizaje 2.0" fueron:

Objetivo General: Evaluar la implantación del Weblog en el pasado curso académico.

Objetivos específicos:

Valorar la metodología docente empleada en las clases teóricas y prácticas mediante comentarios de casos clínicos, crítica de artículos científicos, redacción de *posts* breves y confección de píldoras científicas.

13. Divulgar, mediante el Weblog la actividad académica del Departamento de Radiología y Medicina Física de Granada.

MATERIAL Y MÉTODOS

El Weblog creado mediante este Proyecto de Innovación Docente es una publicación online de *posts* o entradas con una periodicidad en orden cronológico inverso, que dispone de una lista de enlaces a otros webs y blogs para ampliar información y citar fuentes.

Por estas características, el Weblog "RADIOLOGY AND PHYSICAL MEDICINE" www.radiologyandphysicalmedicine.com (Figura1), unido a otras herramientas 2.0, está resultando un sistema excepcionalmente valioso para la visualización y el entendimiento de conceptos científicos y académicos que, de otro modo, podrían ser difíciles de asimilar por su complejidad y alto grado de actualización.

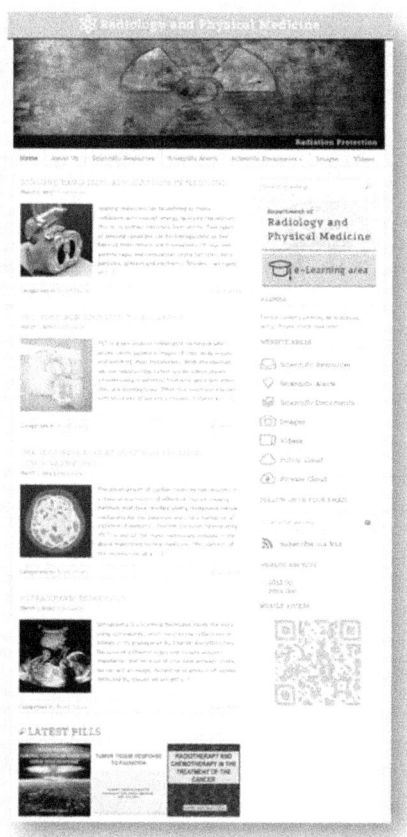

Figura 1. Weblog "RADIOLOGY AND PHYSICAL MEDICINE"

Del mismo modo, creemos que ha constituido un método eficaz para iniciar y motivar al alumnado en el estudio de dos asignaturas del GRADO de Medicina y Cirugía en los cursos académicos 2013/2014 y 2014/2015.
- Imagen Médica e Instrumentación (2° curso): 50 alumnos/as matriculados/año
- Radiología y Medicina Física (4° curso): 260 alumnos/as matriculados/año

Al principio del curso académico, a los alumnos se les han asignado al azar unos temas seleccionados previamente por el profesorado para la confección de las prácticas en forma de *posts*, comentario de artículo científico, píldoras científicas y casos clínicos.

De todos ellos se ha realizado una evaluación siguiendo unos criterios estipulados (Figura 2) y se han seleccionados los mejores en cada categoría para su publicación en el Weblog.

EVALUACIÓN PRACTICAS

	Número Palabras	Citas	Número Citas	Calidad Trabajo	Imágenes	Ingles	NOTA FINAL
	0 / 0,5 / 1	0 / 0,5 / 1	1 / 2 / 3	1 / 2 / 3	0 / 0,5 / 1	0 / 0,5 / 1	

Figura 2. Criterios de evaluación de las prácticas

RESULTADOS

El elemento central del Proyecto es una Weblog que integra diversas herramientas 2.0. www.radiologyandphysicalmedicine.com[5]

Para la exposición de Resultados vamos a relacionar las HERRAMIENTAS 2.0 implantadas y los Indicadores de Resultados que nos han permitido evaluar los resultados y el grado de consecución del PID, son los siguientes:

1. Efectiva puesta en marcha y publicación del Weblog del Departamento de Radiología y Medicina Física: Ejecutado en su totalidad (ver Figura 1).

14. Número de entradas o Posts publicadas por el profesorado e invitados del Departamento de Radiología y Medicina Física: 6 Posts.

15. Número de entradas o Posts realizadas por los/las alumnos/as a modo de prácticas obligatorias de la asignatura: 504 Post (ver ejemplo en Figura 3). De los 504 Posts (ya entregados) se han publicado una selección de 42

mejores en español e inglés correspondientes al curso académico 2013/2014. Los *Posts* correspondientes al curso académico 2014/2015 ya han sido entregados por el alumnado (Abril 2015) y están en la fase de calificación. Se prevé la publicación de un número similar de Posts al curso académico anterior. La publicación de los *Posts* se hace de forma paulatina con la intención de mejorar el posicionamiento orgánico del Weblog en la Red.

16. Número de visitas al Weblog: En Abril de 2015 se habían recibido 16.311 visitas de primera vez (se excluyen de esta estadística, las visitas reiteradas desde un mismo equipo informático, smartphone o tablet, mediante el sistema de identificación de la IP) (Figura 4, 5 y 6).

17. Alertas de Noticias Científico-Académicas: Se han establecido 35 términos de Alertas, 5 por cada una de las 7 categorías del Weblog, que se corresponden con las áreas de conocimiento del Departamento de Radiobiología y Medicina Física (Radiobiology, Nuclear Medicine, Radiation Physics, Radiation Oncology, Medical Imaging, Diagnostic Imaging y Radiation Protection). En enero de 2015 el servicio de Alertas quedó inoperativo debido a que su funcionamiento estaba asociado al servicio gratuito de "Google News", que con la entrada en vigor en enero de 2015 de la nueva Ley de Propiedad Intelectual fue suspendido por Google. Para el futuro se está estudiando la posibilidad de utilizar herramientas alternativas de "buzz monitoring" como Talkwalker o Mention, con el inconveniente de que no son gratuitas como Google News.

18. Efectiva puesta en marcha del servicio RSS dentro del Weblog: El servicio RSS se encuentra actualmente en funcionamiento

19. Número de recursos docentes para alumnos/as publicados en el Directorio: Se han recopilado y publicado 27 recursos docentes repartidos entre las 7 categorias del Weblog, que se corresponden con las áreas de conocimiento del Departamento de Radiobiología y Medicina Física (Radiobiology, Nuclear Medicine, Radiation Physics, Radiation Oncology, Medical Imaging, Diagnostic Imaging y Radiation Protection).

20. Agenda Online de Eventos Científico-Académicos: Se ha habilitado dentro del Weblog una agenda online que permite la difusión de eventos de carácter científico y/o académico entre el alumnado del Departamento.

21. Número de Imágenes publicados en el Banco Social: Se han recopilado y publicado 35 imágenes repartidas entre las 7 categorías del Weblog, que se corresponden con las áreas de conocimiento del Departamento de Radiobiología y Medicina Física (Radiobiology, Nuclear Medicine, Radiation

Physics, Radiation Oncology, Medical Imaging, Diagnostic Imaging y Radiation Protection). Actualmente se encuentra temporal y preventivamente suspendida su publicación y se está confeccionando para el weblog un "Aviso" relativo a los derechos de uso y la exención de responsabilidad por posible vulneración de derechos de propiedad intelectual.

22. Número de Vídeos publicados en el Canal Online: Se han recopilado y publicado 14 vídeos repartidos entre las 7 categorías del Weblog, que se corresponden con las áreas de conocimiento del Departamento de Radiobiología y Medicina Física (Radiobiology, Nuclear Medicine, Radiation Physics, Radiation Oncology, Medical Imaging, Diagnostic Imaging y Radiation Protection). Actualmente se encuentra temporal y preventivamente suspendida su publicación y se está confeccionando para el weblog un "Aviso" relativo a los derechos de uso y la exención de responsabilidad por posible vulneración de derechos de propiedad intelectual.

23. Repositorio Documental Didáctico Online: Está en funcionamiento el Repositorio Documental Didáctico Online asociado al Weblog del Departamento de Radiología y Medicina Física. El Weblog dispone de un Servicio de Repositorio Documental Didáctico Público http://www.radiologyandphysicalmedicine.com/public-cloud y otro de carácter Privado http://www.radiologyandphysicalmedicine.com/private-cloud (restringido al profesorado del Departamento).

24. El total de alumnado beneficiado durante los cursos académicos 2013/2014 y 2014/2015 ha sido de 620 personas. Su evaluación ha sido muy satisfactoria con una nota mínima de 6 y máxima de 10 por sus trabajos.

Los objetivos que se formularon para el Proyecto de Innovación Docente de "RADIOLOGY AND PHYSICAL MEDICINE WEBLOG: Implantación y Dinamización de un "Entorno Cooperativo de Aprendizaje 2.0" en el Departamento de Radiología y Medicina Física, han sido cubiertos en un porcentaje elevado.

Se ha propiciado e institucionalizado la buena práctica docente y el recurso didáctico de "Implantación y Dinamización de un Entorno de Aprendizaje 2.0" mediante la elaboración al final de esta fase del proyecto de innovación docente del presente "Informe de Evaluación, Resultados y Buenas Prácticas" que se divulgará en el propio Weblog (medio de difusión online) y en el Repositorio de la Universidad para que sirva de elemento de reflexión crítica y para la transferencia de esta metodología didáctica a otras instancias académicas.

> Home » Scientific Documents » Students' Contributions » Brief Posts

NON-IONIZING RADIATION. APPLICATIONS IN MEDICINE
April 21, 2014

First of all, in order to structure this essay, an index will be included, explaining what is to be discussed on it and the order of it:

- What is non-ionizing radiation?
- Which types do we know of? How do we classify them?
- What medical uses are there in the medical and health fields? Examples

What is non-ionizing radiation?

We define non-ionizing radiation as any kind of electromagnetic radiation that does not carry enough energy to ionize atoms or molecules, not removing any electrons but rather making them vibrate, thus rising the body's temperature. They are long-length, low-frequency and low-energy waves.

In contrast, ionizing radiation, which does have the energy to remove electrons from the atoms or/and molecules of the bodies it strikes.

Given this, non-ionizing radiation is rather used if possible due to the fact that it doesn't alter the atoms and molecules of the bodies it interacts with, thus not raising the possibility of causing mutations or cancer to the patients exposed to it.

However, being electromagnetic waves, they can interact with electronic devices within the body, such as the artificial cardiac pacemaker. Other associated risks may be hyperthermia, causing the tissues to overheat and get damaged.

What types do we know of?

Non-ionizing radiation includes radio waves, microwaves, infrared and the visible spectrum, being UV rays some sort of bridge in between ionizing and non-ionizing, since the near ultraviolet (NUV) is not to be considered ionizing, meanwhile further on the spectrum it can cause ionization.

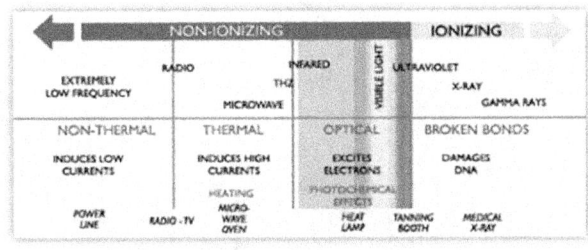

Figura 3. Ejemplo de Brief *Post* publicado por un alumno

Tabla I. Resultados del Weblog

Indicadores	Resultados
1.- Efectiva puesta en marcha y publicación del Weblog del Departamento de Radiología y Medicina Física.	En funcionamiento
2.- Número de entradas o *posts* publicadas por el profesorado e invitados del Departamento de Radiología y Medicina Física.	6 *Posts*
3.- Número de entradas o *posts* realizadas por los/las alumnos/as a modo de prácticas obligatorias de la asignatura.	504 Posts
4.- Número de visitas al Weblog.	16.311 Visitas de primera vez
5.- Alertas de noticias científico-academicas.	35 Alertas
6.- Efectiva puesta en marcha del servicio RSS dentro del Weblog.	En funcionamiento
7.- Número de recursos docentes para alumnos/as publicados en el directorio.	27 Recursos Docentes
8.- Agenda online de eventos científico-académicos.	En funcionamiento
9.- Canal de presentaciones online.	En funcionamiento
10.- Número de imágenes publicadas en el banco social.	35 Imágenes
11.- Número de vídeos publicados en el canal online.	14 Videos
12.- Repositorio documental didáctico online.	En funcionamiento

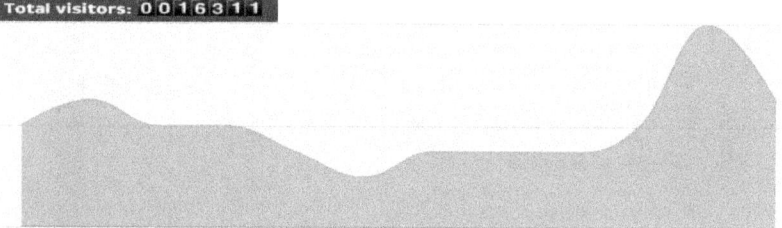

Figura 4. Contador de Visitas y perfil del "trafico" en el Weblog de Mayo de 2014 a Abril de 2015

Figura 5. Localizaciones geográficas de los/as visitantes

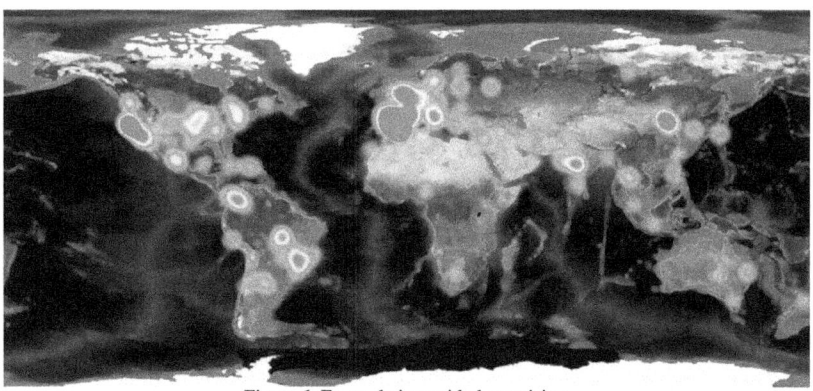

Figura 6. Focos de intensidad por visitas

DISCUSIÓN

Dos de las áreas con mayor potencial de mejora docente en nuestro Departamento son:
1. La comunicación interactiva, social y multidireccional del profesorado con el alumnado y de ellos entre sí.
25. La gestión de la información interna y externa, objetivos ambos que se han beneficiado de la implantación de dichas tecnologías aplicadas al aprendizaje y a la gestión del conocimiento, mediante el Weblog sobre Radiología y Medicina Física "RADIOLOGY AND PHYSICAL MEDICINE WEBLOG" www.radiologyandphysicalmedicine.com[5] y sus Herramientas 2.0 complementarias.

Por otra parte, los/las estudiantes reciben gran cantidad de información a lo largo de su formación, lo que conlleva a que algunas de las explicaciones y conceptos aprendidos no lleguen a consolidarse. Esto ha pretendido paliarse en parte mediante la participación didáctica programada interactiva y social a través de estas herramientas 2.0, cuyo uso le es familiar y amigable a los/las alumnos/as.

También se ha querido, mediante este PID fomentar la puesta en práctica de los conocimientos adquiridos a través de actividades programadas (tareas y prácticas online cooperativas) realizadas en el entorno de aprendizaje 2.0, lo que creemos ha sido especialmente útil para afianzar las bases teóricas adquiridas con antelación y motivar la participación e implicación del alumnado mediante el trabajo autónomo. Los propios estudiantes han valorado la implantación de este sistema mediante un cuestionario de satisfacción objetivo y con un campo de sugerencias abierto (Figura 7).

Evaluación de tareas asociadas al Weblog en la Asignatura: Radiología y Medicina Física

El motivo de este cuestionario es pediros una breve colaboración en la evaluación interna de las tareas asociadas al Weblog que habéis realizado en la asignatura de Radiología y Medicina Física mediante la cumplimentación de este breve cuestionario.

Esta evaluación se incardina en la ejecución del PROYECTO DE INNOVACIÓN Y BUENAS PRÁCTICAS DOCENTES denominado "RADIOLOGY AND PHYSICAL MEDICINE WEBLOG: Implantación y Dinamización de un Entorno Cooperativo de Aprendizaje 2.0".

Trabajo Autónomo del Alumnado
¿Qué te parece la incorporación a la asignatura de trabajo autónomo por el alumnado mediante la realización de casos clínicos, la crítica de artículos científicos, la confección de píldoras científicas y la redacción de "posts"?

1 2 3 4 5

Nada Adecuado ○ ○ ○ ○ ○ Muy Adecuado

Nuevas Tecnologías / Visibilidad del Trabajo del Alumnado
¿Como valorarías la incorporación de las Nuevas Tecnologías a la asignatura y el hecho de que las contribuciones de los alumnos y alumnas tengan su reflejo (publicación) en el Blog del Departamento?

1 2 3 4 5

Nada Adecuado ○ ○ ○ ○ ○ Muy Adecuado

Instrucciones para tareas
¿Han sido las instrucciones para la realización de las tareas suficientemente claras?

1 2 3 4 5

Nada Adecuado ○ ○ ○ ○ ○ Muy Adecuado

Blog
¿Que te parece la imagen y funcionalidades del Blog del Departamento: "www.radiologyandphysicalmedicine.com"?

1 2 3 4 5

Nada Adecuado ○ ○ ○ ○ ○ Muy Adecuado

Sugerencias
En este último apartado (abierto), te pedimos que nos hagas alguna sugerencia de mejora para poder aplicarlas en la realización de tareas asociadas al Weblog por los futuros alumnos y alumnas de la asignatura.

Enviar

Figura 7. Cuestionario de Opinión (Alumnos/as)

Esta encuesta es totalmente anónima y sirve para poner de manifiesto los aspectos positivos y las debilidades que podrían ser mejoradas en cuanto a calidad y utilidad del proyecto de innovación docente elaborado.

Esta encuesta se realizó al final del curso académico incluido en este proyecto.

Respecto a los temas objetivos estas son las puntuaciones (0-5)

- Trabajo autónomo del alumnado: 4.06
- Nuevas tecnologías/Visibilidad del trabajo del alumnado : 4.29
- Instrucciones para tareas: 4.02
- Blog: 4.02

En cuanto a las sugerencias estos son algunos de los comentarios de los alumnos:

"Hacerlo extensivo a toda la asignatura, desde el inicio"...

"No realizar la tarea tan próxima al perído exámenes para poder así dedicarle más tiempo"...

"Considero esta dinámica de trabajo muy apropiada para mejorar el aprendizaje de la asignatura. Añade interacción y otras formas de aprender fuera de la monotonía del estudio de texto. Por mi parte, tiene una valoración muy positiva. De hecho, pienso que los temas que cada uno ha manejado para el trabajo van a permanecer en la memoria más tiempo que lo estudiado. Ahora bien, se podría mejorar el método dando un mejor apoyo bibliográfico y adelantando las instrucciones del trabajo."...

"Darle más publicidad, para que así motive más al alumnado dada su mayor repercusión"...

"Este tipo de aprendizaje es muy interesante y necesario también lo sería que su calificación formara parte de la nota global compartiendo peso con el exámen escrito"...

"Los casos clínicos y el trabajo para el WebBlog son una idea que deberían adaptar otros departamentos y asignaturas, ya que realmente el alumno no se debería limitar únicamente a estudiar para un examen, sino que debería formarse en otras áreas (de igual manera, esos trabajos ayudan a comprender mejor la asignatura y que más adelante resulte más fácil prepararse dicho examen). Además, el plan de 'Grado' realmente consistía en un incrmento de horas dedicadas a trabajos/actividades no teóricas. Por tanto, les animo a que no abandonen esta idea de innovación docente. Aun así, hay ciertos aspectos que -según lo comentado con compañeros- podrían mejorarse. El que más 'preocupa' es el porcentaje de la nota final reservado a estos trabajos, ya que creemos que no refleja las horas dedicadas tanto al trabajo como a los casos clínicos, y la calificación de los mismos parece tener cierta arbitrariedad (aunque somos muchos, y somos conscientes de que sería difícil que todos tengan exactamente la nota que les corresponde). También debería intentarse que los trabajos y casos clínicos sean al principio del curso para que no se solapen con las fechas de comienzo de estudio para exámenes. Por último, ¿han pensado ustedes en dedicar las horas de seminarios a este tipo de actividades? Hay varios seminarios que han sido realmente útiles, pero quizás podrían trasladarlos a las horas teóricas (desde nuestro punto de vista, hay temas de teoría que sobran

o se repiten, y seminarios que tampoco aportan nada) y dedicar los seminarios a este proyecto de innovación docente. Crear grupos reducidos que trabajen con un profesor durante toda la semana, para que así los alumnos tengamos un tutor con el que colaborar de forma más cercana"...

Los resultados son públicos y permiten obtener conclusiones que ayudan a mejorar el recurso didáctico empleado.

También se ha realizado una Evaluación Interna por parte del profesorado implicado tras la presentación y discusión de los resultados obtenidos en la aplicación del proyecto.

Las conclusiones han quedado reflejadas en una *"Memoria de Evaluación Intermedia"* que recoge todos los indicadores de resultados previstos para el Weblog y para el resto de las Herramientas 2.0 con el V°B° del Director del Departamento.

La Evaluación Externa se ha realizado por el profesorado perteneciente a los siguientes departamentos:
- Dpto. de Anatomía y embriología humana de la Facultad de Medicina.
- Dpto. de Anatomía patológica de la Facultad de Medicina
- Dpto. de Psiquiatría de la Facultad de Medicina.

CONCLUSIONES

Con este proyecto se ha conseguido que:
1. Dar a conocer diferentes herramientas on-line que permiten una mejor comprensión de los conceptos aprendidos en clases teóricas a través de posts y comentarios del Weblog, el banco de imágenes social, el canal online de presentaciones y videos, así como profundizar en temas de interés que estarían ausentes de la programación docente por falta de tiempo o explicados con poca profundidad.
26. Se ha conseguido ampliamente difundir la información de modo bilingüe (español/inglés) en el contexto de globalización en el que actualmente nos encontramos inmersos.

BIBLIOGRAFÍA

1. Proyecto de Innovación Docente (PID) "RADIOLOGY AND PHYSICAL MEDICINE WEBLOG: Implantación y Dinamización de un "Entorno Cooperativo de Aprendizaje 2.0": http://innovaciondocente.ugr.es/pages/convocatoria-2013/concedidos2013pordptos.
2. Programa de Innovación y Buenas Prácticas Docentes de la Universidad de Granada: "Innovación en metodologías docentes para clases teóricas y prácticas (aprendizaje cooperativo, clases prácticas, mejora de las

metodologías docentes)": http://vicengp.ugr.es/pages/experiencias/plan-propio-2014/programainnovacion2014.
3. Espacio Europeo de Educación Superior (EEES): http://www.eees.es.
4. Esteve F. Bolonia y las TIC: de la docencia 1.0 al aprendizaje 2.0. La cuestión universitaria, 2009, 5: 59-68
5. Weblog "RADIOLOGY AND PHYSICAL MEDICINE WEBLOG": www.radiologyandphysicalmedicine.com

5. Evaluación de prácticas de Radiología utilizando clickers. Experiencia de 3 cursos.

Claudio A. Otón Sánchez, Luis Fernando Otón Sánchez, Ana Allende Riera y María Soledad Pastor Santoveña. Departamento de Radiología y Medicina Física, Facultad de Medicina, Universidad de La Laguna. Tenerife

Resumen

Los dispositivos inalámbricos de respuesta (clickers) suponen una ayuda inestimable a la docencia que permite estimular la atención del alumno y favorecer su relación con el profesor.

Además de su uso en modo "votación" es posible también utilizarlos para evaluar en tiempo real durante el desarrollo de la exposición del profesor los conocimientos y habilidades que van adquiriendo. Esto exige naturalmente la correcta identificación de cada alumno previa a la impartición del seminario.

La cátedra de Radiología de Universidad de La Laguna puso en marcha en el curso 2.009-2010 nueve seminarios de imágenes radiológicas con preguntas intercaladas en la presentación que los alumnos respondían con clickers.

Además, y ya durante el curso 2010-11, los alumnos portadores de clickers se identificaban y sus respuestas se utilizaron para la calificación práctica definitiva (30% de la calificación final).

Presentamos los resultados de los 3 cursos en los que ese sistema de evaluación se ha llevado a cabo con un total de 442 alumnos evaluados para cada uno de los nueve seminarios impartidos.

Realizamos un análisis de las calificaciones identificando los niveles de acierto por preguntas concretas, por seminarios y por cursos comprobando la variabilidad en los resultados.

Así mismo discutimos los datos y exponemos las ventajas e inconvenientes que hemos encontrado en su aplicación.

Introducción

La cátedra de Radiología de Universidad de La Laguna puso en marcha en el curso 2.009-2010 nueve seminarios de Radiología con preguntas intercaladas en la presentación que los alumnos respondían con clickers.

Los dispositivos inalámbricos de respuesta (clickers) están rápidamente incorporándose a las presentaciones en congresos y empresas. La docencia a todos los niveles está encontrando en estos sistemas una ayuda inestimable que permite estimular la atención del alumno, favorecer su relación con el profesor y llevar a cabo evaluaciones[1,2,3]

El sistema en general consta de un determinado número de aparatos (clickers) similares a los conocidos mandos a distancia de los aparatos electrónicos que envían una señal de Infrarrojos o de Radiofrecuencia a un detector que está conectado a un ordenador a través de un puerto USB. Los clickers disponen como mínimo de 6 botones señalados con letras de la A hasta la F que permiten al alumno seleccionar la respuesta adecuada y transmitirla al detector que la identifica y almacena en el ordenador. El clicker del profesor es diferente y además de las funciones de organización de la presentación y control de respuestas dispone de un láser.

Habitualmente a cada alumno se le hace entrega de un clicker convenientemente identificado y con un programa de presentación de diapositivas preparado al efecto se proyectan las imágenes intercalando preguntas que deben ser contestadas por los alumnos. Al proyectar la pregunta aparece un reloj que cuenta segundos desde un valor predeterminado hasta 0 y una banda con los números de los clickers repartidos que cambian de color cuando se recibe una respuesta de ese clicker.

El sistema dispone de un software que se instala en el ordenador y que permite cargar una clase, cargar un programa de presentación con un tema, identificar al profesor, seleccionar el modo de trabajo y editar las respuestas preparando informes de los resultados de cada alumno, clase, profesor o revisión de resultados de cada pregunta.

Suelen disponer de diversos modos de trabajo aunque el más habitualmente usado es el de contestaciones con identificación y posibilidad de calificación del alumno que contestó. También se puede disponer del modo "votación" en el que las contestaciones son anónimas así como de una gran variedad de sistemas con rotación de preguntas, eliminación de alumnos que se han equivocado, agrupamiento de alumnos, seleccionar solo la contestación más rápida y otras muchas que permiten un uso muy adecuado a nuestro objetivo.

Una de sus principales ventajas[4,5,6] consiste en que de manera inmediata después de la pregunta se pueden comprobar los resultados con el número de alumnos que acertaron la respuesta que entendemos correcta y los diferentes distractores o bien en una votación la proporción de alumnos que ha optado por cada una de las opciones permitiendo la correspondiente discusión. Esto agiliza el seminario y permite a profesor comprobar como los alumnos van asimilando los conceptos analizados.

En un Seminario de la Asociación de Profesores de Radiología y Medicina Física celebrado en 2009, el profesor Dámaso Aquerreta nos presentó el sistema de clickers utilizado en la Facultad de Medicina de la Universidad de Navarra[7] y posteriormente el profesor Alberto Nájera de la Universidad de Castilla La Mancha y también miembro de la APURF publica un artículo[8] en Medical Education proponiendo la evaluación de grupos de alumnos por sus compañeros utilizando clickers.

La cátedra de Radiología de Universidad de La Laguna puso en marcha en el curso 2.009-2010 nueve seminarios (Tabla I) de imágenes radiológicas con preguntas intercaladas en la presentación que los alumnos respondían con clickers. Además, y ya durante el curso 2010-11, los alumnos se identificaban y sus respuestas se utilizaron para la calificación práctica definitiva (30% de la calificación final).

Tabla I.- Relación de Seminarios impartidos

Tórax
Ecografía
Medicina Nuclear
Tomografía computarizada
Resonancia Magnética
PET
Radiología Vascular
Planificación en Radioterapia
Rehabilitación

Las posibilidades de estos dispositivos en evaluación de alumnos ha sido descrita convenientemente y nosotros intentaremos exponer nuestra experiencia en la evaluación de alumnos de Radiología.[9,10]

MATERIAL Y MÉTODOS

Tras analizar los diferentes sistemas existentes en el mercado nos inclinamos por el Qomo modelo QRF300[11] que es sencillo, no muy caro y con señal de Radiofrecuencia. Acepta hasta un máximo de 300 clickers de alumnos simultáneos. En nuestro caso en un primer momento adquirimos 40 unidades (Figura 1) que coincide con el número de plazas que tiene nuestra aula de Seminarios. Posteriormente el número se completó con otros 20 para disponer de repuesto.

Qomo utiliza un programa llamado Qclick que permite utilizar como programa de presentación el conocido Power Point de Microsoft y que dispone de gran número de modalidades de uso así como todas las herramientas necesarias para control del sistema, preparación de presentaciones, manejo de la base de datos y preparación de informes de resultados. Es relativamente amigable y no precisa demasiados conocimientos de informática para su manejo. Las instrucciones solo están disponibles en inglés. Las posibilidades de utilización son enormes pero quizá por eso precisa para su adecuado uso, un cierto esfuerzo tanto mayor cuanto menores sean nuestras habilidades informáticas.

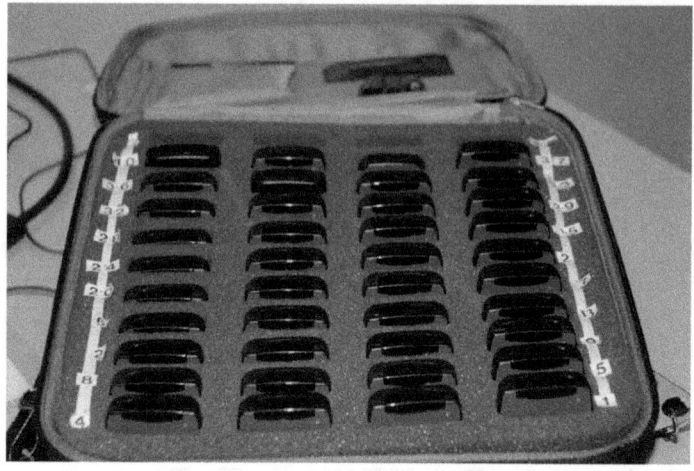

Figura 1.- Sistema Qomo QRF300

Nuestro objetivo al adquirirlo era ayudarnos en los Seminarios de Radiología que se imparten a los alumnos de la Asignatura de Grado de Medicina de Radiología y Medicina Física General que en nuestra universidad se imparte en el 1º cuatrimestre del 3º curso.

Figura 2. Alumnos durante un seminario.

Los seminarios se vienen impartiendo desde hace años a grupos de 30 a 40 alumnos (Figura 2) durante 3 horas cada seminario hasta un total de 9 seminarios (Tabla I) en 2 semanas e incluyen diversos temas generales de la asignatura. Dado que el número total de alumnos oscila alrededor de los 140 por año, cada seminario se repite 4 veces.

Los seminarios están encargados a profesores especialistas en la materia y consisten en presentaciones de Power Point con gran número de imágenes con la intención de hacer participar a los alumnos y discutir con ellos los hallazgos.

En Noviembre de 2009 se adquirió el sistema y en Febrero de 2010 se puso en marcha de forma experimental en solo 2 seminarios sin identificación precisa de alumnos y por tanto necesariamente en modo "votación" y sin posibilidad de evaluación individual aunque sí global.

La aceptación fue inmediata y los alumnos afirmaban que seguían mejor el desarrollo del Seminario. También los profesores (al principio solo 2) se daban cuenta de qué conceptos habían sido mejor seguidos y en cuáles la comprensión era poco satisfactoria. Nos decidimos entonces a extender su uso a los 9 seminarios y además utilizarlos como sistema de evaluación de prácticas para responsabilizar a los alumnos de lo que contestaban en cada momento.

Una vez formados los profesores y para conseguir homogeneidad se les pidió que prepararan sus presentaciones teniendo en cuenta las siguientes normas:
1. Las preguntas deben ir intercaladas entre las diapositivas de la exposición
2. Debe haber entre 12 y 20 preguntas por seminario
3. En todos los casos debe existir una respuesta correcta entre 5 opciones
4. Las preguntas deben ser fáciles de contestar para los alumnos que hayan seguido con atención el seminario
5. Los alumnos dispondrán de 30 segundos para contestar cada pregunta
6. Cada una de las preguntas tiene el mismo valor dentro del seminario
7. Los errores no restan en la calificación
8. Cada seminario tiene el mismo valor para la calificación práctica
9. La calificación práctica supone un 30% de la nota final

Los alumnos ya divididos por grupos estaban incluidos en la base de datos del sistema así como los profesores y los seminarios a impartir.

Al final de cada serie de seminarios elaboramos un informe de los resultados de cada grupo y al final del curso se elabora un informe por cada alumno con la calificación práctica.

En este trabajo comprobaremos los resultados obtenidos por nuestros alumnos en estos 3 cursos desde 2010 hasta 2013 con las ventajas e inconvenientes de su utilización como herramienta docente en su aspecto de ayuda a la evaluación continuada.

RESULTADOS

En la Tabla II podemos observar repartidos por cursos el número de alumnos y la media del porcentaje de aciertos en los 9 seminarios. El número total de alumnos fue de 442 con un incremento en el último año.

Tabla II Porcentaje de aciertos de los alumnos y porcentaje de errores de los profesores al manejar el sistema

	Alumnos	Aciertos	Errores en calificación
Curso 10-11	142	81%	14%
Curso 11-12	139	84%	18%
Curso 12-13	161	82%	16%
Total	442	83%	16%

El porcentaje de respuestas correctas se mantuvo estable a los largo de los 3 años y osciló entre el 81% y el 84%. Debe tenerse en cuenta que a lo largo de los tres años los 9 seminarios y las preguntas dentro de cada uno de ellos se mantuvieron idénticas. El porcentaje de aciertos es elevado y mantenido en cada uno de los distintos seminarios. Debe tenerse en cuenta que se insistió desde el principio en que las preguntas debían ser fáciles de contestar para los alumnos que hubieran seguido con atención el seminario.

La calificación final conseguida fue muy buena con una media de 8,1 sobre 10 puntos y una desviación estándar de 1,3 puntos. Solo 4 alumnos suspendieron pero sobre todo por falta de asistencia a algunos seminarios.

En la última columna podemos observar el porcentaje de errores de los profesores al manejar el sistema que dejaba al alumno con la calificación de alguno de los seminarios incorrecta o desaparecida del sistema informático.

Estos errores fueron todo tipo. Desde el profesor que apagaba el ordenador sin haber grabado los resultados del seminario impartido hasta páginas completas de alumnos o bien alumnos individuales confundidos por haber introducido incorrectamente el seminario, el grupo o la clase. En algún caso la calificación de un seminario se había perdido sin que pudiéramos saber dónde había estado el error.

Con frecuencia aparecieron dificultades relacionadas con alumnos que no estaban en la lista y que había que incluirlos en el último momento o los intentos de recuperación de un seminario fallado que llevó en algún caso a errores en la calificación muy difíciles de resolver. Los errores eran observados y contabilizados al final del curso académico y obligaban a descartar ese seminario para ese alumno en concreto.

Lo peor es que estos errores en lugar de disminuir con la práctica se mantuvieron prácticamente en los mismos niveles a lo largo de los 3 años analizados. No afectó demasiado a la calificación práctica pues aunque esos seminarios no contaban y ningún alumno tuvo menos de 6 seminarios válidos para su calificación. Dada la homogeneidad existente entre los diversos seminarios apenas debió verse afectada la calificación práctica y mucho menos la calificación final de la asignatura a la cual, recordemos, la práctica colaboraba en un 30%.

Sin embargo en todo momento hemos observado un aumento de la atención y del interés de los alumnos que disfrutan la recompensa inmediata a la atención prestada mejorando así el rendimiento de los Seminarios. La principal ventaja es sin duda la implicación de alumnos y profesores en el proceso de aprendizaje en consonancia con las recomendaciones del Espacio Europeo de Educación Superior. La posibilidad que se le da al profesor de ver de manera inmediata los resultados de lo que ha explicado y en todo caso insistir si algún tema ha quedado poco claro es otro de las grandes ventajas encontradas aunque ya no afectaba a la calificación.

En cuanto al capítulo de inconvenientes observamos un importante consumo de tiempo y esfuerzo por parte de los profesores más acusado en los que tienen escasa práctica informática.

Otro inconveniente es que exige mucha disciplina por parte de los alumnos pues cualquier cambio de grupo o de día así como la incorporación tarde a clase supone notables pérdidas de tiempo para todo el grupo. El programa demuestra una cierta falta de flexibilidad para todos estos aspectos.

En lo que se refiere a evaluación ya hemos visto se producen errores sobre todo humanos que alcanzaron una media del 16% en los 3 años que son muy difíciles o imposibles de corregir.

No debe olvidarse la posibilidad del alumno de copiar las respuestas del compañero de al lado y al utilizarlo como sistema de evaluación continuada esto puede ser relevante. En nuestro caso con preguntas sencillas directamente relacionadas con lo previamente expuesto nos parece que no tiene mayor trascendencia aunque nos es imposible de objetivar. Los alumnos afirmaban con rotundidad que la copia del alumno de al lado observando lo que éste contestaba era anecdótica pues el tiempo para contestar era muy justo y las preguntas sencillas y relacionadas directamente con lo que previamente se había impartido.

Existe también el problema teórico de que al repetir 4 veces en cada curso cada uno de los seminarios, los alumnos de los últimos seminarios podían estar informados de las preguntas y en particular de las que les resultaban más difíciles y así conseguir mejores resultados. Para analizar este inconveniente iniciamos una experiencia que se repitió durante los 3 años analizados.

Una de las preguntas del seminario de Radiología del tórax preguntaba qué arco costal era el señalado por una línea (Figura 3). La línea señalaba el 6ª arco costal derecho. Pues bien, en la 4ª repetición del seminario de cada año señalábamos el 5º en lugar del 6º con lo que la respuesta correcta cambiaba.

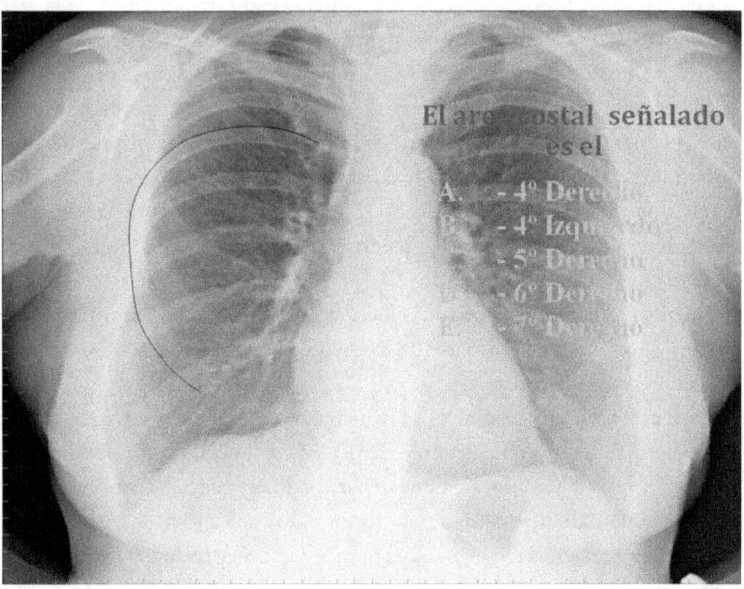

Figura 3. Cambiando el 6º arco costal aquí señalado por el 5º muchos alumnos seguían contestando el correcto de grupos anteriores

Debemos señalar que esta pregunta había resultado relativamente complicada con un porcentaje de aciertos bastante inferior al resto de preguntas del mismo seminario.

En la Figura 4 observamos como el porcentaje de aciertos de esta pregunta iba creciendo desde alrededor del 40% de alumnos que acertaban en el primer grupo (A) hasta el 80% en el tercero (C) mientras que en el 4º (D) el porcentaje de aciertos volvía a bajar al 40%.

Esta situación se repitió durante los 3 años analizados sin apenas cambio por lo que parece deducirse que a partir del segundo grupo una importante proporción de alumnos saben ya qué respuesta deben contestar pero esto no afecta a los alumnos del curso siguiente.

Debe pues, tenerse en cuenta la posibilidad real de que los alumnos reciban información de los grupos anteriores (no tanto de los cursos anteriores) y deberemos cambiar de alguna forma la presentación para cada grupo de manera que las preguntas no sean idénticas aunque mantengan el mismo tema y grado de dificultad.

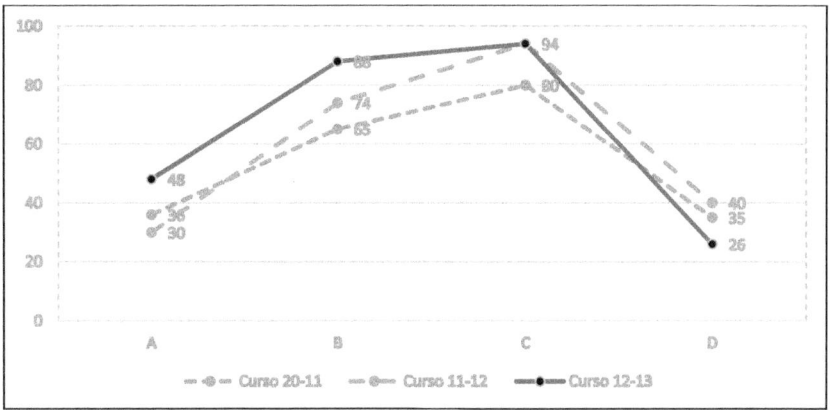

Figura 4. Evaluación de porcentaje de aciertos a la pregunta de identificar arco costal según el grupo

CONCLUSIONES

La utilización de clickers en los seminarios de docencia práctica de Radiología ha resultado útil mejorando el rendimiento y aumentando la implicación de alumnos y profesores en el proceso. Permiten además una evaluación objetiva y continuada de los alumnos.

Exigen bastante disciplina por parte de los alumnos y suponen un importante consumo de tiempo y esfuerzo de los profesores con un porcentaje de errores en la calificación que se ha venido repitiendo estos años.

Dentro del mismo curso hemos observado transmisión de información entre los alumnos que permitía a los de los últimos grupos contestar siguiendo los patrones de los grupos anteriores

BIBLIOGRAFÍA

1. De Gagne JC The impact of clickers in nursing education: A review of literature. Nurse Educ Today. 2011 Jan 11.
2. Caldwel JE Clickers in the Large Classroom: Current Research and Best-Practice Tips. CBE Life Sci Educ. 2007 Spring; 6(1): 9–20.
3. Graeff EC, Vail M, Maldonado A, Lund M, Galante S, Tataronis G. Click it: assessment of classroom response systems in physician assistant education. J Allied Health. 2011 Spring;40(1):21-25

4. Grzeskowiak LE, To J, Thomas AE, Phillips AJ. An innovative approach to enhancing continuing education activities for practising pharmacists using clicker technology. Int J Pharm Pract. 2014 Dec; 22(6):437-9.
5. Barnett, J. (2006). Implementation of personal response units in very large lecture classes: Student perceptions. Australasian Journal of Educational Technology, 22(4),474-494.
6. Draper, S. W. & Brown, M. I. (2004). Increasing interactivity in lectures using an electronic voting system. Journal of Computer Assisted Learning, 20(2), 81-94
7. Servicio de Innovación Educativa de la Universidad de Navarra. (2010). http://www.unav.es/servicio/innovacioneducativa/clickers1
8. Nájera, A., Villalba, J.M., Arribas, E. (2010). "Student peer evaluation using remote response sytem" Medical Education, 44(11), 1146.
9. Satheesh KM, Saylor-Boles CD, Rapley JW, Liu Y, Gadbury-Amyot CC. Student evaluation of clickers in a combined dental and dental hygiene periodontology course. J Dent Educ. 2013 Oct; 77(10):1321-9.
10. Smith MK, Trujillo C The benefits of using clickers in small-enrollment seminar-style biology courses. CBE Life Sci Educ. 2011 Spring;10(1):14-7
11. Qomo HiteVision. QRF 300 http://www.qomo.com/Product.aspx?ProductID=20

6. El aprendizaje basado en problemas: unos consejos para la elaboración de los problemas.

J. Darío Casas Curto[1],Carles Muñoz Montplet[1], Salvador Pedraza Gutiérrez[1],Joan Carles Vilanova Busquets[1], Sara Guirao Marín[1],Elda Balliu Collgrós[1],Rafael Fuentes Raspall[1].
[1]Departamento de Ciencias Médicas, Universidad de Girona.
jdcasasc@hotmail.com

Resumen

La creación de los problemas y las situaciones que se trabajan en las sesiones de las tutorías de Aprendizaje Basado en Problemas es uno de los desafíos a los que se exponen los docentes que utilizan esta metodología de enseñanza. En el presente manuscrito se presentan unas orientaciones y recomendaciones prácticas para la elaboración de problemas y situaciones para el Aprendizaje Basado en Problemas, fruto de la experiencia de los autores en el módulo de Radiología del grado de medicina de la Universidad de Girona. Las principales son: a) hay que seleccionar primero los objetivos de aprendizaje sobre los que pivotará el problema, b) el documento escrito es el formato más práctico, c) escoger las características y el contenido del problema son elementos críticos para hacerlo efectivo, d) es útil construir los problemas de forma colaborativa, e) es importante la forma de elegir los problemas que se emplearán en el curso académico de entre todos los creados, y f) hay que perseverar en actualizar y mejorar de manera continuada los problemas ya elaborados.

Introducción

En el año 2008 empezó la enseñanza programada del grado de medicina en la Universidad de Girona (UdG) con un programa educativo cuyo énfasis reside en el aprendizaje autodirigido, considerado esencial para que el estudiante sea un activo constructor de su aprendizaje y responsable de éste de forma autónoma y comprometida. La estrategia fundamental de este programa es el Aprendizaje Basado en Problemas (ABP), que debe conducir a que el estudiante desarrolle competencias transversales, incluyendo aquellas de trabajo en equipo y de aprendizaje a lo largo de la vida, como la capacidad de búsqueda de información y de su lectura crítica[1-11]. Metodológicamente, en el ABP los alumnos se enfrentan a situaciones o problemas ante las cuales deben hallar las necesidades de aprendizaje que les conducirán a alcanzar los objetivos de aprendizaje (OA) preestablecidos. Este proceso se realiza esencialmente en tutorías de ABP, con un tutor y un grupo reducido de alumnos que trabajan cada problema o situación en 3 sesiones o reuniones conjuntas con los mismos componentes (los mismos estudiantes y su tutor), en días diferentes y preferiblemente con días libres entre ellos.
El módulo de Radiología (que incluye conceptos fundamentales del Diagnóstico por la Imagen, la Medicina Nuclear, la Radioterapia, la Física

Médica y la Protección Radiológica) se realiza en el segundo curso del plan de estudios del grado de medicina de la UdG desde el curso 2009-10[12]. Al haber escasas referencias de la metodología ABP centrada específicamente en Radiología[13-18], los docentes del módulo de Radiología nos reunimos periódicamente durante estos años, antes y después de realizar las tutorías, con el fin de contrastar nuestras experiencias y ello fue plasmado en un manual con recomendaciones e indicaciones para la preparación y conducción de las tutorías[19].De forma similar y también debido a la escasez de situaciones/problemas en ABP de Radiología disponibles en la bibliografía, antes de iniciar cada curso académico, entre todos los docentes del módulo hemos ido elaborando situaciones o problemas para las próximas tutorías de ABP y actualizando o mejorando las ya utilizadas.

El presente trabajo tiene como objetivo recoger unas indicaciones y premisas que, fruto de nuestra experiencia en estos años, nos han parecido útiles para construir las situaciones y los problemas que ayuden a los alumnos a encontrar y alcanzar los OA que hemos definido en el plan de estudios del módulo de Radiología. En el Anexo se muestran algunos ejemplos representativos de los problemas utilizados en la UdG.

ANTES DE LA ELABORACIÓN DEL PROBLEMA

La finalidad del problema no es su resolución, sino hallar temas de estudio e identificar las necesidades de aprendizaje que conducirán a obtener los OA. El problema es el punto de partida para la construcción de conocimiento pero son estos OA, tanto primarios (los que necesariamente deben alcanzarse en todos los grupos) como los secundarios (los que son individuales o grupales pero, en cualquier caso, opcionales), los que condicionan el problema. Es por ello que su selección deberá ser previa a la creación del propio problema, y con tiempo suficiente para permitir una cuidadosa configuración de la versión definitiva del mismo antes de las tutorías de ABP.

Primero se escogerán los OA del módulo, agrupándolos por temas, y luego se distribuirán equitativamente a cada problema, en función del número de problemas que se deban utilizar durante el curso académico, evitando que exista descompensación en el número de OA entre los problemas, de modo que se facilite el trabajo de los alumnos.

EL FORMATO DEL PROBLEMA

El tipo de formato puede ser variado y dependerá de los OA y de los medios y recursos disponibles: el diseño de las aulas, el presupuesto del módulo. Puede ser un documento escrito o bien imágenes o videos, o bien enfermos simulados o reales, así como la combinación de cualquiera de estos elementos. En la UdG hemos optado por el redactado de un documento escrito, en el que habitualmente incrustamos alguna imagen ilustrativa del tema, porque es barato y fácil de reproducir, porque puede releerse y analizar cuidadosamente los datos y porque se pueden añadir anotaciones.

Cuando es un documento escrito, las principales recomendaciones son:

- Parece útil encabezarlo con un título breve, significativo y/o descriptivo, que despierte la curiosidad e interés del alumno.
- Al redactar el problema, las palabras deben ser buscadas cuidadosamente para provocar la identificación de los OA.
- El texto no debe ser estructurado, lo cual parece que incrementa la motivación del estudiante.
- La información se debe presentar de forma progresiva.
- Hay que dar información útil y concreta y evitar utilizar los puntos suspensivos, los etcéteras y los comentarios irrelevantes sin datos de interés.
- Se aconseja intentar que los personajes que intervengan en el problema sean lo más cercanos posible a nuestra realidad, y que generen empatía, pero es mejor no citar a los individuos con sólo su nombre de pila ("María", "Jordi") sino usando formas más respetuosas ("la Sra. María", "el Sr. Jordi"), ya que entre los objetivos del ABP está que los estudiantes desarrollen valores profesionales con los pacientes.
- La extensión es libre aunque se recomienda breve. No puede ser una historia clínica completa, pero debe contener la suficiente información para que pueda sugerir al estudiante los elementos necesarios para decidir los OA. Eso sí, debe ser lo suficientemente amplio y complejo para que despierte la curiosidad de los alumnos, genere dudas o controversia y que los estudiantes se formulen preguntas.
- Las preguntas pueden plantearse abiertas o en sugerencia, pero de manera que les lleven a plantearse los OA preestablecidos.
- Debe conducir a un número de OA que ocupe a los alumnos durante aproximadamente una semana de su aprendizaje.

EL CONTENIDO DEL PROBLEMA

Puede ser un caso, una situación o un escenario. Preferiblemente proveniente de situaciones reales, actuales y cotidianas, para que los alumnos encuentren mayor sentido en el aprendizaje que efectúan. No es necesariamente un problema clínico pero se ha visto que el alumno es estimulado si el problema contiene principios y situaciones en las que el estudiante puede identificarse, especialmente cuando hacen referencia a lo que se encontrará en su ejercicio profesional.

No debe ser teórico, pero sí tiene que ser complejo, sin fácil solución o con varias posibles soluciones aceptables, para que suponga un reto para los alumnos. Para que un problema sea efectivo debe despertar el interés del alumno, involucrarlo e incitarlo a indagar y profundizar en el conocimiento de los conceptos que se le presentan hasta lograr una correcta comprensión de los mismos. Debe obligar al alumno a hacer juicios, justificándolos y razonándolos, a determinar qué información es relevante, a definir qué suposiciones son necesarias y qué debe realizarse para alcanzar los OA que conduzcan a una posible solución del problema. Debe ser atractivo y captar el interés del alumno, estimular la discusión, generar controversia y fomentar el pensamiento analítico. En el problema no se indica el tipo de conocimientos que son necesarios para lograr los OA, ni donde ir a buscarlos. No se hacen juicios ni se presentan conclusiones, a no ser que aporten elementos para la discusión. Se describen hechos, no supuestos. No se aporta toda la información, para incitar a los estudiantes a realizar búsquedas en la bibliografía. No se describen datos superfluos que puedan distorsionar los OA. Los datos son los que son y no hay que dar más información: los OA tienen que identificarse con lo expuesto en el problema.

El contenido debe ser relevante para la formación académica y la práctica profesional de los estudiantes. Ha de ser ilustrativo de conceptos y procedimientos y fomentar la comprensión del temario. El nivel debe ser adecuado al conocimiento que tiene el estudiante hasta ese curso. Cada problema debe instar al aprendizaje de nuevos conceptos y OA conectándolos con conocimientos aprendidos previamente.

LA CONSTRUCCIÓN DEL PROBLEMA

La generación de las situaciones o problemas de la asignatura puede estar a cargo de uno o varios de los profesores, pero en la UdG, al ser todos los docentes noveles en el ABP, nos pareció más adecuado efectuar la redacción final de cada problema entre todos los profesores. Cada docente fue creando situaciones que el resto analizó, criticó y mejoró hasta construir por consenso la versión definitiva, la que nos pareció más adecuada para que los alumnos alcanzasen los OA de Radiología en las tutorías de ABP.

En los primeros años académicos, los problemas que habíamos propuesto fueron supervisados por la Unidad de Educación Médica de nuestra Facultad, donde profesores con larga experiencia en ABP aportaron consejos y sugerencias para mantenerlos en la ortodoxia del ABP. Es cierto que la redacción colaborativa de los problemas conlleva un esfuerzo de participación y de coordinación pero la experiencia ha sido realmente enriquecedora para todos.

LA SELECCIÓN DEL PROBLEMA

Finalmente, hay que elegir los problemas que emplearemos en el curso académico de entre todos los creados, lo cual debería realizarse de forma consensuada entre todos los docentes. Para ello, nos ha sido útil seguir los consejos de Branda[10]:
1. Confeccionar una lista con los posibles problemas según los OA a los que puede conducir.
2. Asignar un valor educacional según su relevancia a esos OA.
3. Adjudicar la prevalencia del problema en la realidad profesional.
4. Atribuir el impacto (variable subjetiva que puede cambiar en el tiempo en función del problema) que esa situación concreta pueda tener en el individuo o en el entorno profesional (comunidad, empresa, corporación).
5. Establecer un orden de prioridad en función de la valoración en los apartados [2-4].

Así mismo, es recomendable que el orden de los problemas permita avanzar a lo largo del módulo desde los OA más básicos hasta aquellos más avanzados. Y también es aconsejable que el primer problema sugiera pocos de estos OA fundamentales, ya que de forma natural los alumnos tienden a identificar muchos de los OA adicionales al principio del módulo, en gran parte debido a su conocimiento previo.

MEJORANDO EL PROBLEMA

Cualquier docente puede pensar que su problema es perfecto pero todos sabemos que no será el definitivo. La prueba final son las sesiones de la tutoría de ABP.

Antes de la primera sesión de tutoría, el tutor deberá preparar preguntas para dinamizar la discusión del problema y reconducirla hacia la consecución de los OA, y tener fotocopias del problema y sus OA para repartirlos en las sesiones en el momento apropiado. Pero durante las sesiones, aunque los alumnos pregunten o pidan más datos, el tutor no está en condiciones de dar más información que la que está escrita en la hoja del problema. Los estudiantes deberán identificar sus OA con esta información proporcionada, que será igual para todos los grupos que se enfrenten a este problema.

Los alumnos deben tener cuidado de no escoger OA muy amplios ni demasiados OA. En este punto cabe recordar que hay otros problemas para otras sesiones de tutorías de ABP en los que habrá la oportunidad de encontrarse nuevamente con OA similares o, incluso, los mismos. Por ello, es crucial que el tutor tenga en mente cuáles son todos los problemas que analizarán en el módulo y los OA alcanzables en cada uno de ellos para que los alumnos no caigan en temas colaterales que no ayuden a los fines educativos del problema. Debe existir flexibilidad pero, a la vez que se favorece que los estudiantes adquieran habilidades organizativas, se debe evitar que queden OA sin explorar.

Una vez concluida la tutoría de ABP de un problema, o al finalizarlas todas, los docentes deberían reunirse para analizar qué ha ocurrido en cada uno de sus grupos de alumnos al trabajar con ese problema, comparando las experiencias entre grupos y así verificar si ha conducido o no a los OA esperados. Así mismo, es fundamental analizar la evaluación del módulo realizada por parte de los estudiantes. Sobre todo, hay que valorar la posibilidad de que un problema conlleve excesiva carga de trabajo y otro con mucha menor; es decir que se encuentren descompensados. Dependiendo de estos análisis y los resultados, deberá plantearse si vale la pena re-escribir el problema o si es mejor desecharlo para próximos cursos.

Conclusiones

Para elaborar un problema, antes debemos seleccionar los OA a los que este debe conducir. El documento escrito es el formato más práctico, y debe ser de breve extensión, con redactado meticuloso y un título atractivo. Para lograr la máxima efectividad en alcanzar los OA, son cruciales las características y el contenido de las situaciones descritas. A la hora de crear los problemas, nos inclinamos por la construcción colaborativa entre todos los docentes del módulo de Radiología, obteniendo resultados satisfactorios para todos nosotros. Cabe resaltar la necesidad de decidir cómo escoger los problemas que trabajaremos en las tutorías ABP de entre todos los que hemos elaborado. Finalmente, siempre debemos revisar los resultados de los problemas trabajados con el fin de mejorarlos progresivamente si es posible.

Bibliografía

1. Barrows HS, Tamblyn RM. Problem-Based Learning: An Approach to Medical Education. *Springer.* New York, 1980.
2. Bligh J. Problem based, small group learning. *BMJ* 1995;311:342-3.
3. Branda LA, Sciarra AF. Faculty development for problem–based learning. *Ann Community–Orient Educ* 1995;8:195–208.

4. Maudsley G. Roles and responsibilities of the problem-based learning tutor in the undergraduate medical curriculum. *BMJ* 1999; 318:657-61.
5. Neville AJ. The problem-based learning tutor: Teacher? Facilitator? Evaluator? *Med Teacher* 1999; 21: 393-401.
6. Wood D. ABC of learning and teaching in medicine: PBL. *BMJ* 2003;326:328-30.
7. Branda LA. El aprendizaje basado en problemas en la formación en Ciencias de la Salud. En: *El Aprendizaje basado en problemas: una herramienta para toda la vida.*Agencia Laín Entralgo. Madrid, 2004: 17–25.
8. Al-Damegh SA, Baig LA. Comparison of an integrated problem-based learning curriculum with the traditional discipline-based curriculum in KSA. *J Coll Physicians Surg Pak* 2005;15:605-8.
9. Koh GCH, Khoo HE, Wong ML, Koh D. The effects of problem-based learning during medical school on physician competency: a systematic review. *CMAJ* 2008; 178: 34-41.
10. Branda LA. El aprendizaje basado en problemas. De herejía artificial a *res popularis*. *Educ Med* 2009; 12: 11-23.
11. Branda LA. El aprendizaje basado en problemas y la genuina realidad. Diario de un tutor. *Educ Med* 2011; 14: 151-9.
12. Casas JD, Balliu E, Barceló J, Fuentes R, Guirao S, Maroto A, Muñoz C, Pedraza S, Pont J, Vilanova JC. La docencia de la Radiología mediante el Aprendizaje Basado en Problemas: diseño e implementación de un proyecto docente en una Facultad de nueva creación. En: A Nájera y E Arribas (Editores): *Innovación Docente en Radiología y Medicina Física en las Universidades Españolas*. [ISBN: 978-1-4709-6422-1]. Lulu.com Ed., 2011: 17-34.
13. Chen SK, Chang HF, Chiang CP. Group learning factors in a problem-based course in oral radiology. *Dentomaxillofac Radiol* 2001;30:84-7.
14. Bui-Mansfield LT, Chew FS. Radiologists as clinical tutors in a problem-based medical school curriculum. *Acad Radiol* 2001;8:657-63.
15. Subramaniam R, Scally P, Gibson R. Problem-based learning and medical student radiology teaching. *Australas Radiol* 2004;48: 335-8.
16. Ekelund L, Langer R. Radiology is a perfect tool for problem based learning. *Acad Radiol* 2004;11:480.
17. Subramaniam R. Problem-based learning: concept, theories, effectiveness and application to radiology teaching. *Australas Radiol* 2006;50:339-41.
18. Thurley P, Dennick R. Problem-based learning and radiology. *Clin Radiol* 2008;63:623-8.

19. Casas JD, Vilanova JC, Pedraza S, Muñoz C, Maroto A, Guirao S, Fuentes R, Barceló J, Balliu E. Guía práctica del tutor en el Aprendizaje Basado en Problemas. Preguntas y algunas respuestas. En: J. Pereira, A. Nájera, E. Arribas, M. Arenas (Editores): *Actividades de Innovación en la Educación Universitaria Española.* [ISBN: 978-1-291-38912-8]. Lulu.com Ed., 2013: 33-46.

ANEXO: EJEMPLOS DE PROBLEMAS ABP Y SUS OA, UTILIZADOS EN EL MÓDULO DE RADIOLOGÍA DE LA UdG

EJEMPLO 1. REFLUJO INFANTIL.

Fernando es un niño que desde que nació tuvo problemas digestivos, con vómitos frecuentes, que le están comportando dificultades de crecimiento.

Su médico, después de evaluar la sintomatología, cree que probablemente se trata de reflujo gastroesofágico, y ha decidido hacerle una prueba radiológica de las vías digestivas altas (denominada tránsito esófago-gastro-duodenal) para confirmar su sospecha diagnóstica y así ponerle remedio. A los padres de Fernando les han informado de que el niño deberá tomar un líquido especial llamado contraste antes de la prueba y que probablemente alguno de ellos deberá ayudar a inmovilizar el niño.

Les han explicado que la exploración se hace con rayos x y que estos tienen unos riesgos para la salud. Por ello protegerán el acompañante con un mandil plomado. Por otro lado al niño también le protegerán las gónadas con una mantita plomada.

Les han hecho firmar diversos papeles, tanto por el riesgo de los rayos x como por el contraste. A pesar de que todo ello les da un poco de miedo, el médico les ha explicado que los beneficios compensan sobradamente los riesgos potenciales. Ojalá sea así y dentro de poco Fernando pueda hacer vida normal.

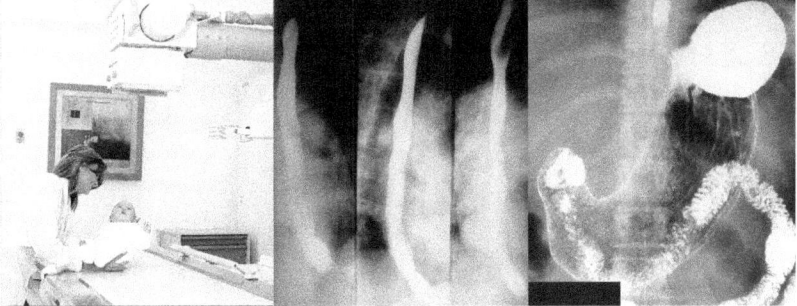

OA que podrían alcanzarse:

- Describir las fuentes de radiación y explicar el funcionamiento de las técnicas de diagnóstico por la imagen o para la terapia.
- Describir los mecanismos de interacción de este tipo de radiación en el proceso de formación de la imagen para las diferentes técnicas de diagnóstico por la imagen (radiología simple y contrastada).

- Explicar las bases biofísicas/químicas que explican la formación de la imagen con los diferentes contrastes utilizados en medicina: farmacodinámica y farmacocinética. Enunciar sus riesgos, así como las medidas preventivas y de seguridad de uso a tomar. Conocer el marco legal.
- Describir los efectos biológicos de las radiaciones ionizantes en los tejidos.
- Definir el concepto de protección radiológica y sus fundamentos. Describir el concepto ALARA.

Ejemplo 2: Diferentes pruebas de Imagen y conducta adecuada en el Servicio de Radiología.

Cuando el Dr. Piferrer llegó a la habitación del Sr. Martí, éste ya no estaba. El día anterior, una ecografía abdominal le había detectado piedras en la vesícula y dilatación de la vía biliar sin determinar su causa. La enfermera explicó que ya lo habían bajado al Servicio de Radiología para hacerle una colangiografía intravenosa. ¡Eso no era el que le había pedido! Corrió hacia Radiología y, al llegar, como que ya sabía en qué sala de exploraciones se hacían las pruebas con contraste, entró por la puerta delantera, la de los pacientes, pero dentro no encontró al Sr. Martí. Enseguida entró un TER desde la sala de control en el interior de la sala de exploraciones y le soltó toda una serie de reproches: que si no sabía que no se podía entrar por aquella puerta, que si los letreros de radiación colgados junto a las puertas exteriores estaban por el algo más que para hacer bonito, que si la luz roja encendida encima de la puerta exterior ... Pidió disculpas como pudo ... y entonces el TER miró en su PC donde estaba programado el Sr. Martí: efectivamente, tenía prevista una colangio-RM. Pero cuando el Dr. Piferrer llegó a la resonancia, la secretaría le explicó que no se había podido hacer puesto que el Sr. Martí era portador de un marcapasos. ¡El Dr. Piferrer no había caído en este detalle! Quiso disculparse y apenas cuando traspasó la puerta de la sala de exploraciones de resonancia, el fonendoscopio que Dr. Piferrer llevaba colgado del cuello… ¡salió como una bala hacia el imán!

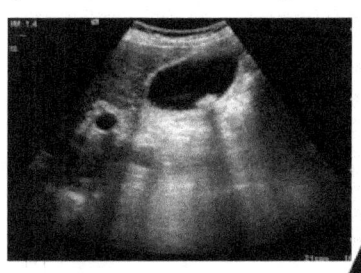

OA que podrían alcanzarse:
- Describir las fuentes de radiación y explicar el funcionamiento de las técnicas de diagnóstico por la imagen o de radioterapia.
- Explicar las bases biofísicas/químicas de la formación de la imagen con los diferentes contrastes empleados en Medicina: farmacodinámica y farmacocinética. Enunciar sus riesgos, así como las medidas preventivas y de seguridad de uso a tomar. Conocer el marco legal.
- Definir el concepto de protección radiológica y sus fundamentos. Describir el concepto ALARA.

- Identificar y nombrar correctamente las diferentes exploraciones de diagnóstico por la imagen.
- Enumerar las indicaciones generales, ventajas, inconvenientes, i contraindicaciones de las diferentes técnicas de radiodiagnóstico y medicina nuclear.

Ejemplo 3: Las radiaciones que curan: cuando la fuente se encuentra en el interior y cuando está fuera.

La Sra. María fue tratada hace 5 años de un carcinoma diferenciado de tiroides. Después de la cirugía se le hizo un rastreo con I-131 que determinó que habían quedado algunos restos que fueron eliminados posteriormente utilizando una actividad mucho más elevada del mismo radioisótopo. La paciente tuvo que estar ingresada tres días sin poder recibir visitas por motivos de protección contra radiaciones ionizantes.

El mes pasado visitó a su médico por un dolor cervical. En una radiografía se pudo comprobar que el dolor era provocado por una metástasis ósea. Hoy le han dicho que le tratarán la metástasis con cinco sesiones de radioterapia externa. Esta vez no será necesario ingresarla y a la familia le preocupa el peligro que ello puede suponer para los que la rodean en su hogar.

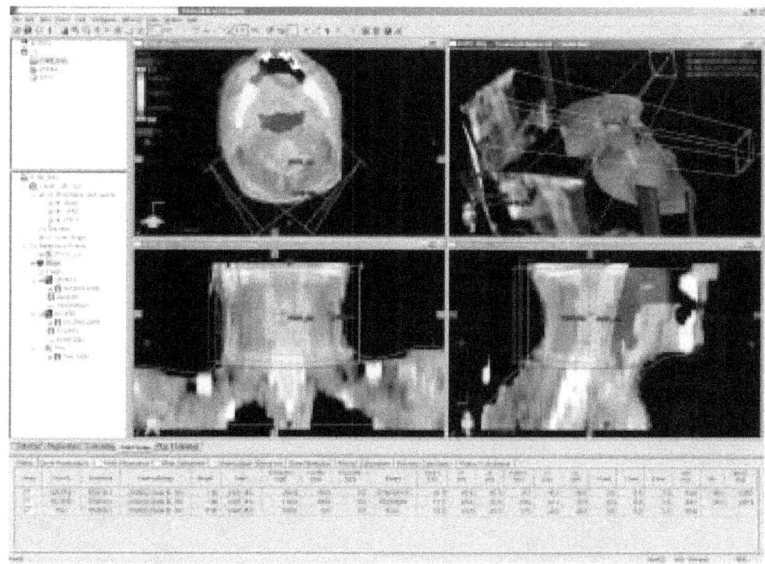

OA que podrían alcanzarse:
- Describir las fuentes de radiación y explicar el funcionamiento de las técnicas de diagnóstico por la imagen o por la terapia (radioterapia externa y braquiterapia).
- Explicar las bases biofísicas / químicas de la formación de la imagen basada en el uso de radioisótopos y su interacción con el organismo. Explicar sus riesgos, así como las medidas preventivas y de seguridad de uso a tomar. Conocer el marco legal.

- Describir los efectos de las radiaciones ionizantes en los tejidos.
- Exponer el riesgo cancerígeno y genético de las radiaciones ionizantes con ejemplos. Efecto a largo plazo.
- Explicar el uso terapéutico de las radiaciones ionizantes a partir de los efectos radiobiológicos producidos en estas interacciones.
- Definir el concepto de protección radiológica y sus fundamentos. Describir el concepto ALARA.
- Definir los conceptos básicos de radioterapia y su terminología específica.

EJEMPLO 4: MÁS VALE PREVENIR QUE LAMENTAR.

El Sr. José Palop es una persona muy aprensiva. Recientemente dos amigos de su misma edad (cerca de los 60 años) han sido diagnosticados de cáncer de próstata y eso le inquieta mucho. Y como que empieza a levantarse a menudo de noche a orinar, se ha plantado en la consulta de un urólogo, que le ha realizado un tacto rectal y al encontrar una nodularidad sospechosa en el lóbulo prostático derecho, lo ha remitido a un gabinete radiológico para hacerle un estudio para descartar un tumor.

Lo han pasado por todo tipo de aparatos, ecografía, resonancia y finalmente una biopsia con el aparato de ecografía. Pero aquí no ha finalizado su periplo diagnóstico, aún más pruebas; en la que se introduce por vía endovenosa un "radiofármaco" o "sustancia radiactiva", para saber si la enfermedad se había extendido más allá de los límites de la próstata.

"Bien Sr. José -le dijo su urólogo al tener todas las pruebas- siento decirle que sus sospechas eran fundadas, usted tiene un tumor que, ahora sabemos, está confinado a la próstata. El siguiente paso será decidir el tratamiento".

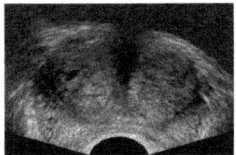
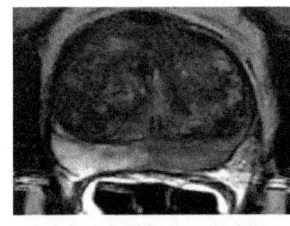
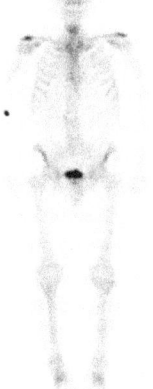
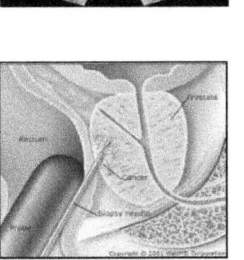
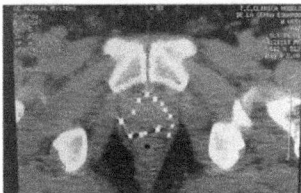

OA que podrían alcanzarse:
- Describir las fuentes de radiación y explicar el funcionamiento de las técnicas de diagnóstico por la imagen o por la terapia (metabólica, radioterapia externa y braquiterapia)
- Describir los mecanismos de interacción de este tipo de radiación en el proceso de formación de la imagen por las diferentes técnicas de diagnóstico (Radiología simple y contrastada, Ecografía, Densitometría, Angiografía,

Tomografía computarizada, Resonancia magnética, Gammagrafía planar, Tomogammagrafia y PET-TC).
- Explicar las bases biofísicas / químicas de la formación de la imagen basada en el uso de radioisótopos / radiofármacos y su interacción con el organismo. Explicar sus riesgos, así como las medidas preventivas y de seguridad de uso a tomar. Conocer el marco legal.
- Definir un radiofármaco, describir sus características principales y la aplicación en Medicina Nuclear.
- Identificar y nombrar correctamente las diferentes exploraciones de diagnóstico por la imagen y explicar la terminología utilizada en el diagnóstico por la imagen
- Enumerar las indicaciones generales, ventajas, inconvenientes, contraindicaciones de las diferentes técnicas de radiodiagnóstico y medicina nuclear.

7. Instrumentación para la docencia de radiología en un aula de habilidades para los estudiantes de medicina.

José M. Carreira Villamor[1], Rafael Varela Ponte[2], Victor Arce Vázquez[3], Miguel Souto Bayarri[1], Serafín Marcos Costilla García[4], Francisco Sendra Portero[5]

[1]Departamento de Radiología. Hospital Clínico Universitario. Universidad de Santiago de Compostela.
[2]Servicio de Radiodiagnóstico. Hospital Clínico Universitario. Santiago de Compostela.
[3]Departamento de Fisiología. Facultad de Medicina. Universidad de Santiago de Compostela.
[4]Area de Radiología y Medicina Física. Hospital Universitario Central de Asturias. Universidad de Oviedo.
[5]Departamento de Radiología y Medicina Física. Universidad de Málaga.

Resumen

La implantación de simulación tiene cada vez más impacto en el aprendizaje de la práctica médica, este hecho está implantándose también en el radiodiagnóstico y el intervencionismo radiológico.

Sería deseable un ámbito apropiado en donde poder iniciar a los estudiantes en técnicas sencillas sin la presión de la presencia de un paciente, e incluso para estudiantes de cursos superiores tener la posibilidad de realizar técnicas invasivas como paso previo al ámbito hospitalario.

Hay múltiples tipos de simuladores, distribuidos por varios fabricantes, que permiten realizar prácticas con buena correlación anatómica sin el riesgo que conlleva el aprendizaje directo sobre pacientes.

Los sistemas de instrumentación para la docencia de la Radiología en lo que se refiere a Radiodiagnóstico y Radiología Intervencionista pueden dividirse en tres puntos fundamentales, sistemas para diagnóstico y técnica radiológica, sistemas para intervencionismo y podemos incluir también páginas web destinadas a ofrecer bancos de imágenes e incluso posibilidades de realizar ejercicios sobre imágenes radiológicas.

En este capítulo se describen básicamente los sistemas de los que disponemos en la actualidad para realizar prácticas de radiología en un aula de habilidades tanto para diagnóstico como para intervencionismo.

Introducción

El implante del Grado ha supuesto un incremento sustancial de la carga práctica en los planes de estudio de las Universidades. Esto ha condicionado la necesidad de sistemas de prácticas adaptables a cada situación del proceso de aprendizaje. Las prácticas con pacientes en los ámbitos hospitalarios son ideales pero presentan limitaciones.

Sería deseable un ámbito apropiado en donde poder iniciar a los estudiantes en técnicas sencillas sin la presión de la presencia de un paciente, e incluso para estudiantes de cursos superiores, tener la posibilidad de realizar técnicas invasivas como paso previo al ámbito hospitalario.

Estos aspectos han favorecido el incremento constante de sistemas de simulación para todas las disciplinas médicas, que abren la puerta a este tipo de aprendizaje también para el radiodiagnóstico y el intervencionismo radiológico. Hay múltiples tipos de simuladores distribuidos por varios fabricantes, que permiten realizar prácticas con buena correlación anatómica sin el riesgo que conlleva el aprendizaje directo sobre pacientes. Esta es la razón fundamental de la proliferación de estos equipos que permiten además realizar estas prácticas en ambientes extrahospitalarios para alumnos de preclínicas. De esta forma los alumnos afrontarán sus prácticas clínicas con un mayor bagaje de conocimientos prácticos.

En la actualidad existen sistemas para realizar prácticas de técnica radiológica que permiten hacer estudios sobre fantomas, tanto de radiografías simples como TAC, otros se diseñan para realizar ecografías diagnósticas en torsos o en piezas que simulan mamas u otros órganos. También existen equipos para realizar prácticas de punciones ecodirigidas a múltiples niveles con simuladores tan ingeniosos como sencillos.

Otro aspecto que puede complementar las instalaciones de un aula de habilidades para diagnóstico por imagen son las páginas web. Suelen incluir bancos de imágenes para su visualización y análisis, e incluso se pueden hacer ejercicios de auto evaluación una vez visionadas.

Todos estos sistemas convierten un aula de habilidades en un punto esencial para realizar prácticas con simuladores en radiodiagnóstico.

En este capítulo se describen básicamente los sistemas de los que disponemos en la actualidad para realizar prácticas de radiología en un aula de habilidades, tanto para diagnóstico, como para intervencionismo radiológico.

CONTENIDO

Un aula de habilidades es un instrumento cada vez más importante en la docencia de alumnos de asignaturas básicas y puede complementar habilidades de los alumnos de asignaturas clínicas. Estos aspectos además hay que contemplarlos desde el punto de vista de la necesidad de realización de una prueba práctica como es la ECOE.

Estos sistemas de instrumentación para la docencia de la Radiología en lo que se refiere a Radiodiagnóstico y la Radiología Intervencionista pueden dividirse en tres puntos fundamentales como ya se mencionó previamente. Los sistemas para diagnóstico y técnica radiológica, van a permitir realizar estudios diagnósticos sobre simuladores ayudando así a comprender los conceptos de corte y proyección y permitiendo cambiar, y así evaluar, la repercusión de los parámetros de adquisición sobre la calidad de la imagen. Los sistemas para intervencionismo van a permitir simular todos los pasos necesarios para realizar una técnica que tiene que llevarse a cabo en condiciones de asepsia en un ámbito radiológico, de esta forma se pueden practicar aspectos tan importantes como el lavado de manos, la realización de un campo estéril y la preparación de la zona de punción.

Podemos incluir también en un aula de habilidades páginas web destinadas a ofrecer bancos de imágenes e incluso la posibilidad de realizar ejercicios sobre imágenes radiológicas. Para la visualización de estas páginas, serían necesarios sistemas de soporte como ordenadores u otros que podrían estar ubicados en la propia aula de habilidades, siendo así un complemento eficaz a todos los sistemas comerciales que se están desarrollando para estar ubicados en un aula con soporte físico.

1. SIMULADORES PARA TÉCNICA RADIOLÓGICA Y DIAGNÓSTICO POR IMAGEN.

En este apartado existen varios sistemas cuyo objetivo es realizar estudios radiológicos y establecer una correlación anatómico/radiológica a partir de simuladores de diversas partes del cuerpo. La práctica totalidad de los simuladores mencionados en este apartado 1 y 2a, pueden verse en la página Web: www.medical-simulator.com.

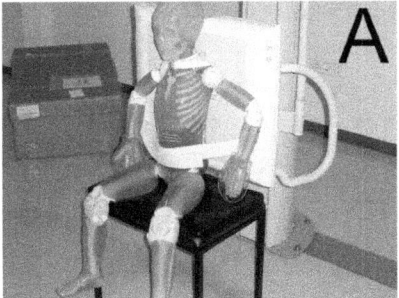 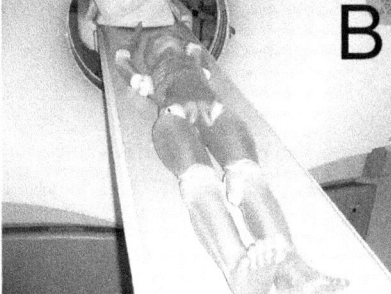

Figura 1. (A) Fantoma preparado para realizar una radiografía frontal de tórax en A-P. (B) Fantoma preparado para realizar un TAC.

1.a.- Simuladores sólidos de partes anatómicas.

Existen varios modelos que reproducen en una pieza sólida diversos órganos que se pueden estudiar con radiografía simple o TAC. En uno de ellos se incluye cabeza, tórax y abdomen y se utiliza para obtener estudios de TAC de tórax y cabeza. En otros se incluye únicamente abdomen o cabeza y permiten obtener estudios radiológicos de partes blandas, esqueleto óseo y en algunos casos el sistema vascular cerebral (XT70, XT80, XT90). También hay un simulador para incluir imágenes que reproducen tumores torácicos (XT20) y otros que permiten evaluar fracturas (X15).

Uno de los más recientes consiste en un simulador de cuerpo entero a tamaño real que permite obtener estudios de radiología simple y TAC de cualquier parte del cuerpo (fig. 1) (X50, X60).

1.b.- Simuladores desmontables.

En estos equipos se puede retirar uno o varios componentes, permitiendo realizar una correlación anatómico/radiológica de la zona de estudio y así evaluar las características de la imagen obtenida en relación con la zona anatómica estudiada. En uno de ellos, de torso, se puede retirar la piel y el tejido celular subcutáneo y el sistema cardio-respiratorio, quedando únicamente el esqueleto como soporte principal (XT30).

Estos sistemas, tanto del apartado a) como del b), son utilizables para radiología simple y para TAC. Las prácticas que se pueden realizar con ellos consisten en el manejo de voltajes y la adquisición e interpretación de imágenes, mientras con el TAC son útiles para conocer los sistemas de detección guiados por ordenador y para iniciarse en la interpretación de las imágenes obtenidas por este medio.

1.c.- Simuladores para diagnóstico ecográfico.

Existen gran número de ellos por la facilidad y sencillez de los mismos. Consisten en piezas de pequeño tamaño que reproducen las características ecográficas del cuerpo en una determinada zona anatómica. El ejercicio se plantea para pasar la sonda de ultrasonidos sobre la supuesta superficie corporal y obtener imágenes de piel, tejido celular subcutáneo y la zona problema planteada en cada simulador.

Uno de ellos tiene por objetivo reproducir una fractura ósea de una extremidad que puede ser puesta en evidencia con una exploración de ultrasonidos de la zona. Se observa una discontinuidad en la cortical ósea al desplazar el transductor ecográfico sobre la superficie del fantoma. Este es un sistema de fácil manejo y que introduce eficientemente al alumno en esta técnica diagnóstica (XE60).

Existen otros modelos que permiten realizar ecografía abdominal (S-8000, S-8050, XE-150, XE-500) ecografía mamaria, ecografía fetal (D620E) y transvaginal (GE 600 a 604), identificación de cuerpos extraños (XE26) evaluación de glándula tiroides (XE30). Sus principios de funcionamiento son parecidos. Todos tienen un soporte físico que recuerda con mayor o menor similitud la zona anatómica que se pretende estudiar y un sistema asociado con transductor y equipo de visualización con pantalla en la que se puede observar la imagen al desplazar el transductor.

Quizá el más completo de estos sistemas sea el grupo de simuladores llamados "VIMEDIX" que constan básicamente de un fantoma que consiste en un abdomen y/o torso y/o cabeza, y un sistema con transductor ecográfico y monitor. Se agrupan por "paquetes" y permiten la realización de ecografía abdominal y cardíaca, tanto transtorácica como transesofágica, ecografía obstétrica y fetal. En uno de ellos, en el monitor se va visualizando la imagen ecográfica obtenida y al lado la correlación anatómica de la zona explorada (fig. 2). De esta familia existen un gran número de simuladores, como ya se mencionó, que se destinan al diagnóstico "temático" de diversas enfermedades abdominales y torácicas fundamentalmente.

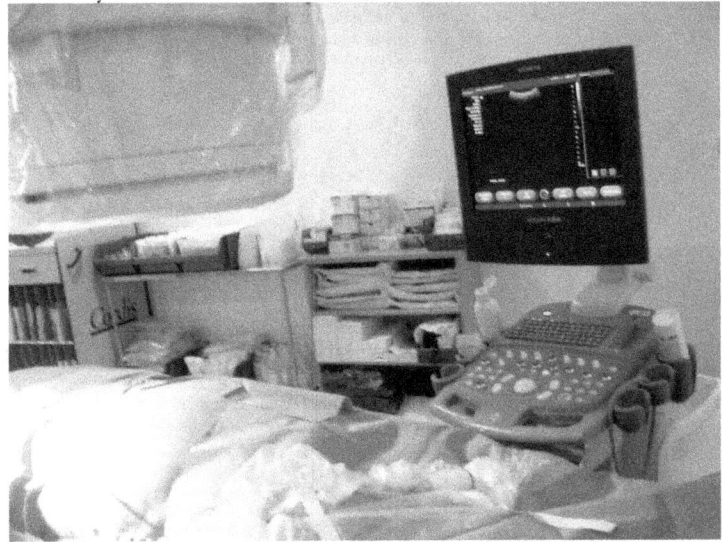

Figura 2. Realización de una técnica ecográfica sobre una paciente grávida. Situación muy parecida a la reproducida por el simulador VIMEDIX.

2. SIMULADORES PARA INTERVENCIONISMO.

Esta práctica exige condiciones de asepsia tanto para delimitar el campo de punción en la zona anatómica seleccionada como para el propio operador y en ocasiones un ayudante. Estos aspectos, que deben estar presentes dentro de la instrumentación de un aula de habilidades, permitirán al alumno familiarizarse con el lavado de manos, limpieza cutánea y preparación de un campo estéril y la actitud a desarrollar en un ambiente con estas limitaciones (Figuras 3,4 y 5).

Los simuladores deben ubicarse próximos a la zona de lavado y se podrán realizar ejercicios que permitan delimitar el campo con materiales que en la práctica real son estériles.

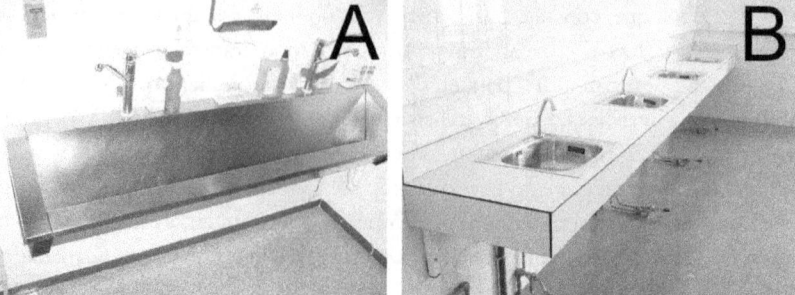

Figura 3.- Ejemplos de sistemas para lavado de manos ubicados en la práctica clínica (A) y en un aula de habilidades (B). El (B) está dotado con sistema de accionamiento de apertura de agua mediante pedal.

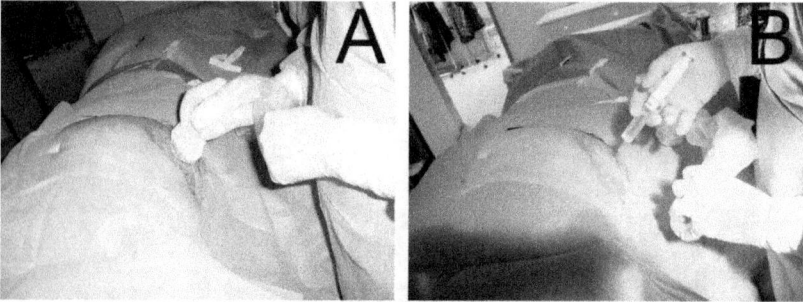

Figura 4. (A) Preparación de un campo estéril para la realización de una técnica invasiva con control ecográfico. (B) Administración de anestesia local previa a la realización de la técnica.

2a.- Intervencionismo general.

Existen ingeniosas soluciones para ejercitar técnicas intervencionistas en diferentes áreas de la anatomía corporal, una de ellas consiste en un simulador para toracocentesis que se asemeja a la pared costal de un paciente. Se observan las costillas en relieve que conforman fielmente los espacios intercostales, tiene un grosor de aproximadamente 10 cms. y va dotado con cinchas para ajustarlo al tórax de un colaborador, conformando así un conjunto muy apropiado y que reproduce fielmente la situación real de una punción transtorácica (E430). Este ejercicio sirve para simular una punción de un derrame pleural u otra circunstancia. El ejercicio se completa palpando el espacio intercostal y realizando una punción con aguja a través del mismo.

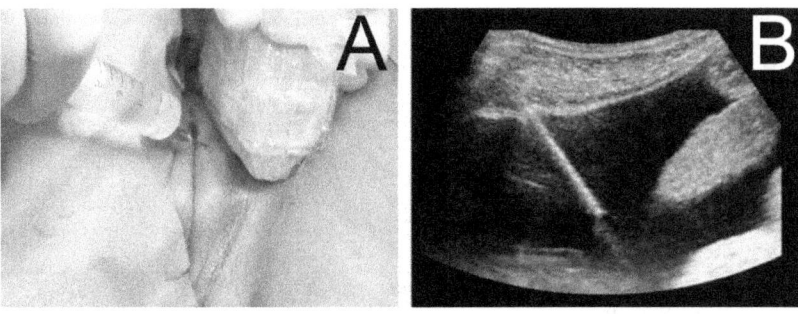

Figura 5. A. Detalle de una punción controlada con ecografía en la práctica clínica. B. Aguja penetrando en el abdomen de un paciente con ascitis. Estas situaciones son fácilmente reproducibles con los simuladores tipo XE15 y E430.

Parecido al anterior pero sobre un soporte sólido no ajustable al tórax de un voluntario, existe otro equipo que permite realizar un ejercicio de punción guiada con ecografía sobre un fantoma de tórax. En este caso no se observan las costillas perfiladas, lo que le resta cierto realismo, pero esta preparado para realizar un control ecográfico sobre la punción con pantalla ecográfica (E480) (fig. 6).

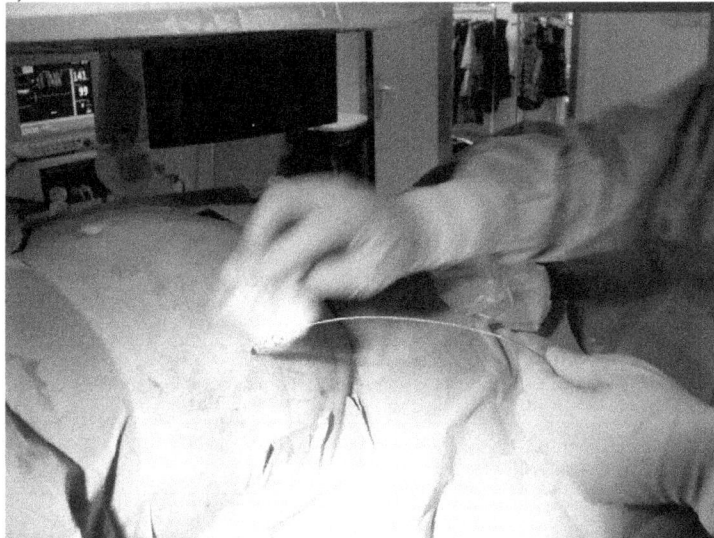

Figura 6. A. Detalle de una punción controlada con ecografía en la práctica clínica. Esta situacion es fácilmente reproducible con el simulador tipo (E430).

Tabla I: Direcciones Web de los simuladores disponibles para técnicas vasculares y video demostrativo (tomado y modificado de ref. 1).

	Dirección Web Nombre del fantoma y casa comercial
1	www.medical-simulator.com Torso i500b CentralLineMan
2	http://www.medical-simulator.com/base.asp?idProducto=2826&idFamilia=447&idFamiliaPadre=446 Torso i520 y i530 CentralLineMan
3	http://tecnoedu.com/3b/CuidadoAdultos.php Torso - N229 Tecnoedu
4	http://www.materialsalud.com/es/Catalogo/articulo/47311 Pecho chester
5	http://www.taq.com.mx/Productos/Simuladores/Ultrasonido-y-vascular/Nasco-Simulador-para-canulacion-de-venas-central Torso Nasco LF01087U
6	http://www.medical-simulator.com/base.asp?idProducto=2825&idFamilia=447&idFamiliaPadre=446 Pelvis i525 FemoralLineMan
7	http://tecnoedu.com/3b/CuidadoAdultos.php Brazo prácticas de punción venosa - XC-434
8	http://tecnoedu.com/3b/CuidadoAdultos.php Modelo de brazo p/practicas de punción arterial 3B - W44022
9	www.tecnoedu.com/3b/V400p.php Torso p/prácticas de manejo de vias centrales/accesos vasculares - V400p
10	www.medical-simulator.com/index.asp?idFamiliaPadre=429&idFamilia=436 Entrenador de canalización de vía central femoral, yugular-subclavia ecoguiado BPF1410 y BPH660
11	http://www.medical-simulator.com/index.asp?idFamiliaPadre=429&idFamilia=436 Fantoma para canalización catéteres centrales de acceso periférico (PICC) BPA200 Brazo para canalización de arteria y vena guiado por ecografía BPA203 Brazo para canalización de PICCs y catéteres BPA204
13	http://www.medical-simulator.com/base.asp?idProducto=2603&idFamilia=364&idFamiliaPadre=429 Entrenador de accesos vasculares ecoguiados
14	http://www.onmeda.es/videos/corazón-y-sistema-cardiovascular-8/catéter-venoso-central-cvc-v518.html

2b.- Simuladores para intervencionismo sobre vías venosas centrales y periféricas y punciones arteriales.

Son de los más usados por la frecuencia y relevancia que van adquiriendo estas técnicas en la práctica diaria ante la existencia de cada vez mayor número de pacientes crónicos que las necesitan (1-5). Son útiles tanto para estudiantes de medicina como de enfermería de múltiples asignaturas. Existen equipos para simular el acceso a venas centrales y periféricas, algunos muy sencillos como el sistema de acceso vascular pediátrico, está dotado de cuatro vasos y consiste en un sencillo fantoma que recuerda una superficie corporal que se estudia con un transductor ecográfico y permite la punción guiada del vaso con ecografía (XE15). Otros son mucho más complejos y están orientados para punciones de vías centrales que se han tratado con detalle en otro capítulo (1).

De forma resumida se pueden incluir en este apartado los fantomas de torso, que presentan un bloque anatómico transparente en el que se puede diferenciar la clavícula, esternón y triángulo de Sedillot entre otras estructuras. Alguno de los modelos de torso incluyen un bloque para la punción guiada por ecografía en el que se pueden diferenciar las arterias y las venas por el pulso, comprimibilidad y localización. La dirección Web de estos sistemas se encuentra en la Tabla I (apartados 1-5).

Otro de los simuladores existentes, integra un brazo y un torso que permiten la práctica del implante de los dispositivos PICC (catéteres centrales de inserción periférica), la micropunción periférica y la técnica de Seldinger a nivel braquial (Tabla I, Apartado 1-4).

El simulador de pelvis permite realizar punciones de la vena femoral a través de referencias anatómicas, es decir, palpando el pulso arterial, cresta ilíaca, sínfisis púbica y ligamento inguinal (Tabla 1, apartado 6).

Otros fantomas de reciente fabricación (Tabla I de 7 a 13) Incluyen fantomas para prácticas de punción venosa periférica, punción arterial y vías centrales sin y con control ecográfico y PICCs. Existe una dirección web que incluye una demostración en video sobre animaciones que ilustra el implante de un CVC y un PICC (Tabla I, apartado 14).

2c.- Simuladores para intervencionismo guiado con ecografía.

La mayor parte de los equipos destinados a punciones con control ecográfico se incluyen en otros apartados, uno de ellos se utiliza para punciones transtorácicas con control ecográfico y ha sido tratado en el apartado 2 (Figura 6). Otros tienen como objetivo la punción de estructuras vasculares y se han comentado en el apartado 2b.

Además de los ya mencionados, se comercializa otro equipo (G8300) que simula el abdomen de una mujer grávida y está diseñado para obtener muestras de sangre del cordón umbilical bajo control ecográfico. Otro fantoma se aplica a la biopsia mamaria guiada por ecografía (BP1901).

3. PÁGINAS WEB DE IMAGEN MÉDICA.

Indudablemente la red es un amplio instrumento de desarrollo de conocimiento cuyas características se prestan al aprendizaje del diagnóstico por imagen entre otras muchas disciplinas. La principal ventaja que ofrecen las herramientas de formación on-line es precisamente la adaptabilidad al ritmo individual de aprendizaje, pero el contacto personal con el experto, la experiencia con la práctica clínica diaria, la adquisición de responsabilidad en la toma de decisiones, son elementos importantes en la formación médica que en un entorno on-line solo pueden emularse, no sustituirse.

La cantidad de información de la que se dispone es muy grande y esto es una ventaja y un inconveniente a la vez (Tabla II). Los recursos de formación on-line en Radiología son numerosos e interesantes, pero la abundancia de estos hace necesario prestar atención a herramientas de organización de la información como foros, wikis, blogs, redes sociales y plataformas educativas (6).

Existen muchos proyectos para desarrollar sistemas de aprendizaje en todas las disciplinas médicas y en el caso del diagnóstico por imagen también. Desde 1998 se vienen desarrollando diversos proyectos educativos en la Universidad de Málaga (7). En un principio se desarrollaban principalmente herramientas off-line, soportadas habitualmente en formato CD-ROM o DVD. En la actualidad no tiene mucho sentido, dada la flexibilidad de manejo de contenidos en la red y la disponibilidad de los mismos. Así, Un paseo por la Radiología, prácticas de radiodiagnóstico asistidas por ordenador cuyas dos primeras versiones se editaron en CD-ROM, puede visualizarse actualmente en su versión 3.1 en red, traducida a cinco idiomas, además del español, en http://www-rayos.medicina.uma.es/EAO/PaseoRX.htm.

Existen gran cantidad de páginas que ofrecen diversos sistemas de ayuda al diagnóstico. Algunas simplemente consisten en bancos de imágenes que se ofrecen para su visualización y análisis. Otras están comentadas y algunas además ofrecen la posibilidad de realizar ejercicios una vez seguidas las técnicas de visualización ofertadas (Tabla II). A nivel creativo, los contenidos pueden abarcar tanto como la tecnología, la imaginación y la capacidad de presupuesto o tiempo a invertir den de sí, atendiendo siempre a objetivos docentes claramente establecidos. Recientemente se desarrolló en la universidad de Málaga un proyecto para alojar las clases teóricas de radiología en la web mediante presentaciones PowerPoint con audio pasadas a formato flash.

Tabla II: Direcciones Web de páginas que incluyen imágenes médicas para el estudio del diagnóstico por imagen en Radiología.

1	www.radiologyassistant.nl Herramienta para la ayuda a la lectura de casos y diagnóstico diferencial en radiodiagnóstico.
2	www.radiologiavirtual.org Portal para formación continua de radiología en español de radiólogos, realización de congresos virtuales con posibilidad de enviar y consultar comunicaciones orales, trabajos, póster y casos radiológicos. Acreditación de las actividades de profesores y participantes.
3	www.radiologyeducation.com Colección de páginas web y enlaces dividas por regiones anatómicas
4	www.radiopaedia.org Web educativa con artículos de referencia, imágenes de radiología y casos de pacientes. También contiene una enciclopedia de radiología.
5	www.med-ed.virginia.edu/Courses/rad/cxr/index.html Página educacional dirigida al estudio radiológico del tórax centrándose en técnicas, anatomía normal y patología frecuente
6	www.dartmouth.edu/~anatomy/HAE/Radiology_Intro/rad_index.html Página con preguntas e imágenes sobre radiología y sus diferentes técnicas
7	radiologymasterclass.co.uk/ Cursos de radiología acreditados, tutoriales de estudio sistemático de radiografías y galería de imágenes con diferentes casos.
8	www.radiologyebooks.com Colección de herramientas radiológicas para dispositivos móviles
9	eradiology.bidmc.harvard.edu/ Tutoriales para estudiantes y residentes, colección de imágenes y seminarios interactivos.
10	sites.google.com/site/radiologiaparaestudiantes/ Colección de casos básicos de radiología y medicina nuclear divididos en secciones básicos enfocados a estudiantes de medicina
11	radiologia.ugr.es/ Aula virtual y docente de radiología y medicina física vinculada a la Universidad de Granada. Presenta accesos a la biblioteca departamento de radiología y facultad de medicina
12	www.radiologiabasica.org Proyecto de formación y comunicación virtual y plataforma educativa
13	www.rayos.medicina.uma.es Portal de radiología, oftalmología y otorrinolaringología asociado a la Universidad de Málaga en el que se muestran las tesis y programas de doctorado en desarrollo, actividades docentes, enseñanza asistida por ordenador y enlaces
14	www.rayos.medicina.uma.es/eao/PaseoRxv32/inicio/ Página con imágenes de radiología normal y patológica con cuestiones y un diseño especialmente atractivo.
15	www.radiotorax.es/ Cuestionario-autoevaluación de conocimientos en radiología de tórax mediante preguntas y respuestas con imágenes
16	www.ameram.es/1.1/00-ameram-1024/ Proyecto docente de enseñanza virtual. Lecciones virtuales (similares a lecciones magistrales) enfocado a estudiantes de medicina

Los contenidos de este proyecto pueden visitarse en www.ameram.es en abierto, sin clave. Un estudio piloto permitió demostrar que los alumnos aprenden igual si reciben las clases virtuales o las tradicionales (8). Si se aportan contenidos teóricos en dicho formato el alumno puede repasar cuando y cuanto quiera y, sobre todo, el tiempo de presencia con el profesor (clases, seminarios, etc.) puede invertirse en otros aspectos como estimular la curiosidad y el razonamiento, solventar dudas frecuentes, etc.

A nivel del aprendizaje práctico pueden considerarse herramientas más elaboradas como www.radiotorax.es, la cual consiste en una página Web que permite realizar autoevaluaciones de series de 20 casos de radiología torácica, desarrollando la habilidad de interpretación radiológica. Pensada para residentes de radiodiagnóstico, esta herramienta es muy útil para estudiantes de medicina, máxime teniendo en cuenta que la radiografía de tórax es la más frecuentemente realizada en el ámbito de la medicina general y de muchas especialidades (9).

Revisar contenidos on-line durante el aprendizaje en un aula de habilidades pone a disposición de profesor y alumno una enorme mediateca de posibilidades casi sin límite. Hay que conocer los recursos existentes y prever su papel en la formación de pregrado dentro de los objetivos docentes que se establezcan.

CONCLUSIONES

La implantación del Grado con su exigencia de mayor contenido práctico en las asignaturas médicas ha propiciado el desarrollo de sistemas alternativos para la docencia práctica. Las aulas de habilidades están adquiriendo cada vez mayor relevancia para el aprendizaje práctico y son también aplicables al diagnóstico por imagen e intervencionismo radiológico en donde ya existen equipos para desarrollar estas habilidades. Estas aulas también pueden ser un ámbito adecuado para la visualización de páginas con contenidos de diagnóstico por imagen.

BIBLIOGRAFÍA

1. José Martín Carreira Villamor, Miguel Souto Bayarri, Rafael Varela, Serafin Costilla y Jose Manuel García Vázquez. "Enseñanza práctica de los sistemas de acceso a venas centrales en los estudios de grado". En: Actividades de innovación en la educación universitaria española (APURF). Editores Javier Pereira, Alberto Nájera, Enrique Arribas, Meritxell Arenas. Págs. 95-102. ISBN: 978-1-291-38912-8 D.L: C-764-2013.
2. Carreira J, Souto Bayarri M., Coessens A., Varela R. "Catéteres centrales de inserción periférica (PICC) en pacientes críticos". En: Master en críticos.

Editores Amalia Puga, José Rubio Álvarez, J.R. González Juanatey, F.J. González-Barcala, M. Gelabert González. UNIDIXITAL. Págs. 327-332. ISBN: 978-84-693-6789-6 D.L. C 2940-2010.
3. José M. Carreira, Elías Górriz Gómez, José Luís Bello López, Francisco Díaz Romero. Catéteres centrales total y parcialmente. En Diagnóstico y terapéutica endoluminal. Radiología Intervencionista. José M. Carreira, Manuel Maynar Moliner. Ed. Masson 2002; 595-6.
4. José M. Carreira, José Manuel García Vázquez, José Luis Bello. "Accesos venosos centrales". En: Master en críticos. Editores Amalia Puga, J.R. González Juanatey, Miguel Gelabert, Julián Alvarez. UNIDIXITAL. ISBN: 978-84-693-6789-6 D.L. C 2940-2010.
5. José M. Carreira, Alejandro Romero Jaramillo, José Manuel García Vázquez, Manuel Maynar. Punción percutánea. Técnica de cateterización. En Diagnóstico y Terapéutica Endoluminal. Radiología Intervencionista. José Martín Carreira Villamor, Manuel Maynar Moliner. Ed. Masson (ISBN 84-458-1127-4). Barcelona; 2002: 155-170.
6. Francisco Sendra Portero, Carlos F. Muñoz Nuñez. Herramientas de formación on-line en radiología. Radiología. 2011:498-505. doi:10.1016/j.rx.2011.02.011
7. Francisco Sendra Portero. Enseñanza electrónica de radiología en pregrado: la experiencia de la Universidad de Málaga. En Avances tecnológicos digitales en metodologías de innovación docente en el campo de las Ciencias de la Salud en España. Revista Teoría de la Educación: Educación y Cultura en la Sociedad de la Información. Juanes Méndez, J. A. (Coord.) Universidad de Salamanca, 2010, Vol. 11, nº 2. pp. 117-146 [Fecha de consulta: 30/04/2015].
http://campus.usal.es/~revistas_trabajo/index.php/revistatesi/article/view/7074/7107
8. F Sendra-Portero, O Torales, MJ Ruiz-Gómez, M Martínez-Morillo. A pilot study to evaluate the use of virtual lectures for undergraduate radiology teaching. European Journal of Radiology 2013;82(5):888-93 DOI: 10.1016/j.ejrad.2013.01.027.
9. F. Sendra Portero, V. Illescas Megias, J. Maqueda Pérez, N. Alegre Bayo, J. Algarra García. El proyecto Radiotorax.es: la autoevaluación on-line en interpretación de radiografías al servicio de la comunidad radiológica. En Actividades de innovación en la educación universitaria española. J. Pereira, A Nájera, E. Arribas, M. Arenas (Eds). Creative Commons 3.0 España. 2013. Pp 183-192.

8. Los Inicios de la Radiología en el Hospital de la Facultad de Medicina de Santiago.

F. J. Ponte Hernando[1,2,3]; Isabel Rego Lijó[2,3]; Sonia González Castroagudín[4]
[1]Doctor por la Universidad de Santiago de Compostela en Medicina y Cirugía.
[2]Doctor por la Universidade da Coruña en Historia de la Ciencias.
[3]Médico Especialista de Atención Primaria
[4]Diplomada Universitario en Enfermería. Matrona del Servicio Gallego de Salud.

LOS CASARES: UNA CONSTANTE HISTÓRICA.

Siempre que se habla de los inicios de la Ciencia contemporánea en Galicia, aparece la paternidad intelectual o humana de D. Antonio Casares Rodríguez. Catedrático de Química, Farmacéutico, Médico y Filósofo. Ya se hable de química, de anestesia, de aguas minerales, de primeros ensayos con la electricidad, o de estudios agrícolas de suelos, allí está la figura incontestable de D. Antonio, en primera fila (Figura 1).

Figura 1. D. Antonio Casares Rodríguez

En los pródromos del asunto que hoy nos ocupa, cuya figura central es su nieto Miguel Gil Casares[1], aparecen dos hijos de D. Antonio, de similar edad que Miguel: José (1866-1961) y Antonio Casares Gil, (1871-1929) tíos-primos de aquel por un curioso embrollo familiar. Dado que ambos tuvieron una gran

---

[1] Catedrático, en ese momento de Pediatría, Enfermedades de la Infancia se llamaba entonces, y luego desde 1901 a su muerte en 1931, Catedrático de Medicina Interna con su Clínica

cercanía humana y científica con Miguel, lo que pasamos a narrar, no parece una casualidad.

1.- El 24 de febrero de 1896, apenas dos meses después de la presentación por W. Röntgen de los Rayos X en Wuzburgo, tiene lugar en Barcelona una sesión científica sobre los rayos X, dirigida por el decano de Medicina y catedrático de Cirugía, D. José Giné y Partagas a quién le suministra el carrete de Ruhmkoff, José Casares Gil, a la sazón, catedrático de Química de la Facultad de Farmacia de la Ciudad Condal.

2.- El 17 de noviembre de 1896, en plena Guerra de Cuba, el periódico el Lucense da cuenta de que, en la Isla Caribeña, un oficial español, el segundo Tte. D. Egido Maté que ha sido herido de bala, resultando con fractura de Fémur derecho, va a ser estudiado por Rayos X[2] antes de proceder a la extirpación del proyectil, y La Gaceta de Galicia del mismo día dice que va a ser examinado por Rayos X, el general Echagüe que también ha sido herido de bala (el mismo día que había recibido otro balazo en la última Guerra Carlista).

Figura 2. Miguel Gil Casares y Antonio Casares Gil (en primer término) en el bosque del Pazo de Fefiñanes[3]

En estos momentos y hasta el final de la Guerra, está allí destinado el Dr. D. Antonio Casares Gil, médico militar, que llegaría a ser uno de los más importantes botánicos de la España de la época.

---

[2] La primera demostración de los Rayos X realizada en La Habana, el 17 de agosto de 1896 por Francisco de P. Astudillo, cuando aún no se había cumplido el primer año de su descubrimiento en Alemania. Propiedad de la Dra. Begoña Gil Careaga
[3] Propiedad de la Dra. Begoña Gil Careaga

Ambos hermanos (Figura 2), por tanto, tuvieron conocimiento inmediato de los Rayos X en menos de un año desde su presentación mundial.

1900: COMIENZA LA RADIOLOGÍA EN LA FACULTAD DE MEDICINA DE SANTIAGO.

Prolegómenos

En el Boletín de Medicina y Cirugía, órgano de los Alumnos Internos de **30 de Enero de 1900**, bajo el epígrafe **Novedades Médicas**, D. Miguel Gil Casares traduce del alemán un trabajo del Dr. Grunmach de Berlín, que ha inventado un tubo especial cuya anticátodo se refrigera por agua en su interior y donde se habla de otros múltiples aspectos técnicos de los aparatos de rayos, y sus condiciones óptimas, entre otras:

1. Uso de una corriente eléctrica central
2. Que los inductores, carretes de Rühmkorff, sean muy grandes.
3. Que el interruptor preferible es el electrolítico porque sus 100.000 a 180.000 interrupciones por minuto, sirven tanto para la escopia como para la actinografía

Pero que es preciso utilizar un tubo Röntgen especial porque el interruptor electrolítico y los grandes inductores de 50 cm de longitud de chispa destruyen enseguida los tubos ordinarios.

Continúa explicando lo que dice Grunmach de las aplicaciones diagnósticas de los rayos en los diversos aparatos y sistemas orgánicos: circulatorio, respiratorio, digestivo, etc. experiencias en que han participado grandes sabios alemanes de la época como: von Leyden, Senator, Gerhardt y otros.

En ese mismo número, a continuación de este trabajo, publica la primera parte de uno suyo titulado **Algo de Física Médica**, el fraile y científico, que llegaría a Obispo de Lugo, Fray Plácido Angel Rey Lemos. Fray Plácido resalta la importancia de conocer lo que ocurre en el interior del hombre para un buen diagnóstico, y describe prolijamente la constitución de los aparatos de Rayos X, con sus tres elementos fundamentales:

- El carrete o transformador
- El interruptor y
- El tubo de donde resalta la luz, sugiriendo que

1. Posiblemente el carrete de Rühmkorff, de alta tensión, sea pronto sustituido por el transformador Rochefort-Lucay que evita ciertos inconvenientes de aquel

2. Como interruptor afirma que el mejor es el electrolítico y que el tubo de Crookes ha sido modificado por el Dr. Grunmach para evitar los efectos de la excesiva elevación de la temperatura.

Continúa, en esta línea, lo que resta del artículo y su segunda parte en el número siguiente del 15 de febrero. Tras este primer trabajo de Fray Plácido aparece en este mismo número de la revista el titulado **La Fototerapia** del Dr. Juan de Lafuente Mathé. Como vemos la Medicina Física estaba en pleno apogeo.

En la misma publicación, el 15 de febrero de 1900, se anuncia bajo el título: **Instalación de Rayos de Röntgen** que varios catedráticos de la Facultad de Medicina, encabezados por D. Miguel Gil Casares, han encargado a una renombrada casa de Berlín una magnífica colección de aparatos de radioscopia y radiografía de las siguientes características:

- Gran Inductor (Car. de Rühmkoff), de 40 cm de longitud de chispa.
- Interruptor de Platino, de Max Kohl.
- Interruptor doble de mercurio con motor, de Ernecke.
- Gran Interruptor electrolítico de Wehnelt, con refrigerado.
- Tubos de Röntgen de nuevos modelos.
- Batería muy capaz de 15 acumuladores de último modelo.
- Voltímetros, Amperímetros, reostatos, criptoscopios, grandes pantallas fluoroscópicas, etc, etc.
- Batería auxiliar de muchos acumuladores (de 80 a 120 v) para el interruptor de Wehnelt.
- COSTE: cerca de seis mil pesetas.
- Marca: Ferdinand Ernecke

Por fin el 30 de Marzo aparece el artículo definitivo La Instalación de los Rayos X, afirmando que se está procediendo a la instalación del aparato.

A continuación, unos meses de silencio en los que suponemos que estarían trabajando con el nuevo aparato, y, efectivamente, a finales de Junio la prensa general recoge esta información:

> "Notas Compostelanas: 28 de Junio. En el Gabinete de radioscopia y radiografía que en este Gran Hospital se ha instalado por la iniciativa y la actividad del docto y joven catedrático de pediatría D. Miguel Gil Casares, con los anticipos que ha desembolsado una parte del claustro de esta Facultad de Medicina, se efectuó anoche una grata sesión científica, dedicada a catedráticos, prensa y personas ilustradas.
>
> Los Catedráticos Sres. Gil Casares y Andrade y el profesor Clínico señor don Daniel Pimentel explicaban y hacían funcionar con exactitud y presteza todos los aparatos, que forman la mejor instalación oficial de España."

LA SESIÓN SOLEMNE DE PRESENTACIÓN DE LOS RAYOS X.

Lo sucedido ese día lo explica, dos días después, in extenso y con gran claridad, Fr. Plácido En un artículo titulado La Instalación de los Rayos X en el hospital en el propio Boletín de los alumnos internos de 30 de Junio de 1900. Dado su interés, entresacamos algunos párrafos del mismo:

> Sinceramente lo confesamos: grande ha sido nuestra satisfacción al visitar una de estas pasadas noches la instalación de los rayos Röentgen, llevada a feliz término en el Hospital Clínico por los esfuerzos del ilustrado y entusiasta Profesor de la Universidad Compostelana Dr. Miguel Gil Casares.
>
> Orgullosa puede estar la Facultad de Medicina de aquella de poseer el incomparable medio de diagnóstico que ofrecen los rayos X con una instalación que no vacilamos en reconocer como de las más notables de España, siendo muy problemático que en el extranjero encuentre rival con superioridad digna de mención.
>
> Constituye su elemento fundamental una soberbia bobina de 40 centímetros de chispa; disponiendo la instalación de tres magníficos interruptores, el de mercurio, el de platino y el incomparable de Woenhel o electrolítico, último modelo, con refrigerante para impedir la incandescencia del cátodo. Posee además para la obtención de los rayos X varios tubos de Crookes, incluso el modificado por el alemán Grummach, cuyo sistema de refrigeración del anticátodo es verdaderamente curioso.
>
> Nos abstenemos de mencionar otros detalles como los reostatos, amperímetro, voltímetro, pantallas fluoroscópicas para la radioscopia etc., bastando decir que nada falta en la instalación para ser completa en lo que pudiéramos llamar su parte orgánica; y el día en que pueda disponerse de manantial eléctrico de alto voltaje se podrá asegurar que nada envidiará a las más notables del extranjero. Salvo lo que en lo sucesivo por ventura se descubra, porque en achaques de adelantos de esta naturaleza ya nada nos sorprende, al ver lo que ha progresado de algún tiempo a esta parte…..

Continúa Fray Plácido haciendo observaciones sobre los distintos tipos de radiación conocidos hasta el momento, la capacidad del calor y la luz de traspasar los cuerpos y las peculiaridades, en analogía, de los rayos X, con buen lenguaje pedagógico y claridad de ideas, que no son del caso en este trabajo, y sigue más adelante:

> Eso hemos visto el otro día al asistir en la instalación radiográfica del Hospital Clínico de esta ciudad, al diagnóstico de dos enfermedades, exactamente definido mediante los rayos X, que materialmente nos pusieron a la vista el estado patológico de los órganos internos de los aludidos enfermos.
>
> Fue uno de los casos una **luxación del codo** por desviación hacia atrás y hacia debajo de las extremidades superiores del cúbito y del radio. Además de la observación radioscópica, se obtuvieron de este caso dos clichés fotográficos en los que se distinguía perfectamente la forma de la luxación, permitiendo diagnosticarla con toda exactitud.

El otro caso fue un **derrame pleurítico**. Por la observación radiográfica veíase exactamente delineada la sombra del pulmón izquierdo como envuelto en la materia del derrame, al mismo tiempo que el pulmón normal aparecía casi del todo diáfano, permitiendo ver las costillas anteriores y posteriores del lado derecho. Pudo también distinguirse con toda claridad la desviación del corazón hacia ese mismo lado, causada por el empuje de la pleura que como es sabido con el derrame se ensancha algún tanto. Los movimientos del corazón así como los del diafragma eran perfectamente visibles.

Consérvase en la instalación de que venimos hablando una **notable colección de fotografías radiográficas** en ella obtenidas. **Hemos visto allí manos normales y patológicas; pelvis igualmente normales y patológicas, entre estas una muy notable de un caso de raquitismo; luxaciones de la cadera; fractura del cuello del fémur intra y extra capsulares; y en general muchas lesiones tuberculosas de los huesos.**
Esta colección radiográfica, cuya importancia para el estudio de la patología interna es manifiesta, irá aumentando de día en día con los nuevos casos que en la instalación se diagnostiquen; y en ella, los alumnos de la Facultad de Medicina tendrán un medio de instrucción utilísimo y al mismo tiempo fácil y agradable.
Mil plácemes merece, lo repetimos, la Facultad de Medicina de la Universidad Compostelana y en especial el Profesor Sr. Gil Casares, a cuya buena amistad y delicada atención debemos el haber podido admirar útilmente la instalación que él dirige.

El principal escollo de los primeros tiempos, en el que coincide Fr. Plácido con el Prof. Carro Otero, fue la carencia de la suficiente potencia eléctrica ya que:

> "Su fuente de energía debía ser cargada a mano, por las noches, mediante dos manivelas que accionaban dos mozos del hospital"

Por todo ello, salvo error u omisión, y sin haber sufrido contradicción hasta el momento por otros autores, hemos dado por buena la fecha de Enero de 1900 como llegada e instalación de los Rayos X y 28 de Junio de 1900, como la de la puesta de largo de los Rayos X ante las "fuerzas vivas" de Compostela.

LAS CONFERENCIAS DE RADIOLOGÍA

El siguiente trabajo sobre Rayos X aparece en el Boletín en 30 de Enero de 1901. En él se explica que, por ausencia del Médico primero (Capitán) de la Armada D. Ildefonso Sanz Domenech, que ha sido llamado con urgencia por el Gobierno para una Comisión de Servicio, que se iba a encargar de ello, no se puede presentar el resumen de las conferencias pero sí su programa:
1. Fuerza Electromotriz (tensión) Resistencia e intensidad. Unidades de medida eléctrica. Corrientes de derivación.

2. Manantiales de energía eléctrica. Baterías galvánicas, acumuladores y máquinas dinamo-eléctricas.
3. Inductores de Rühmkoff, teoría y diversas experiencias con el de 40 centímetros de chispa.
4. Interruptores para corriente constante, alternativa y polifásica, (interruptores de platino, de mercurio, de turbina, electrolítico de Wehnelt).
5. Tubos de Röntgen simples y regenerables.
6. Disposición de los aparatos y manera de hacerlos funcionar.
7. Radioscopia.
8. Radiografía y determinación de cuerpos extraños.
9. Aplicaciones de los Rayos de Röntgen a la Medicina.
10. Naturaleza de los rayos catódicos y de los rayos X.

Se cita textualmente a Miguel Gil Casares que afirma haber solicitado permiso para las conferencias para:
- Presentar la instalación
- Difundir conocimientos y
- Allegar fondos para completar los pagos.

HOMENAJE A UN MÉDICO MODESTO: EL DR. BRUZOS VARELA.

En palabras del que fue buen cirujano y rector D. Luis Blanco Rivero, hemos de destacar aquí:

> La labor fundamental del Dr. D. Constante Bruzos Varela, médico competente y experto en los asuntos de mecánica e instalaciones eléctricas.

Bruzos fue un eficaz ayudante del Dr. Gil Casares, al que algunos autores, equivocadamente, se refieren como electricista o mecánico, que se había Licenciado en Medicina con sobresaliente en Junio de 1903. Probablemente esto se debe a que en el artículo de 30 de enero de 1901: Las conferencias de radiología se dice que los ensayos del interruptor electrolítico se hicieron en los talleres del competente electricista Señor Bruzos, acreditado taller de su familia. Debió colaborar con D. Miguel Gil desde los inicios de la instalación radiológica, pues consta que cesó en Marzo de 1910 en dicho puesto de ayudante del gabinete, que llevaba aparejada una gratificación de 500 pts., siendo sustituido por D. Salustiano Martínez. En ese mismo 1910 sale del hospital un maestro pirotécnico, tras una complicada operación pulmonar efectuada por Blanco Rivero, Gil Casares y Bruzos.

En 1911 La Comisión Provincial, nombra a D. Luis Blanco Rivero para la plaza de médico del Hospital Provincial de la Diputación que había desempeñado D.

Jacobo Caldelas, y a D. Constante Bruzos para la de auxiliar de la sección médica. Dichos puestos tenían una gratificación, anual se entiende, de 2.000 y 1.000. pts respectivamente.

Constante Bruzos fue médico de la Sociedad de Clases Laboriosas, por elección, al parecer en noviembre de 1903 hasta al menos 1911, en que dicha entidad benéfica, en su sesión de final de año muestra:

> La mayor complacencia de la sociedad por los relevantes servicios que viene prestando a la misma. El médico supernumerario D. Constante Bruzos Varela, asistiendo con esmerado celo a los enfermos que requieren sus servicios.

Bruzos falleció muy joven, en 1913, a los 10 años de su licenciatura, de rápida enfermedad, por lo que podría tratarse del primer médico víctima de la irradiación X. Le sobrevivieron su viuda e hijos, su padre y sus hermanos José, Julio, Germán y Enrique. El sepelio fue muy solemne, llevando el féretro alumnos internos y formando el séquito autoridades civiles, académicas y lo más destacado de la medicina compostelana.

EL EQUIPO SIEMENS DE 1903 DONADO POR ALFONSO XIII

En el XIV Congreso Médico Internacional celebrado en Madrid en honor a Cajal, Gil Casares consiguió ser recibido por el joven Rey, de 17 años, Alfonso XIII, al que expuso la penuria de materiales de la Facultad de Medicina de Santiago. El Rey, en compañía de la Reina Madre, le escuchó atentamente y prometió su ayuda. Poco tiempo después, se recibió una comunicación de la Casa Real en la que se anunciaba que el Rey donaba de su bolsillo personal un nuevo aparato Siemens de Rayos X para la Facultad de Medicina compostelana dotado de los más modernos adelantos. (Figura 3 y Figura 4)

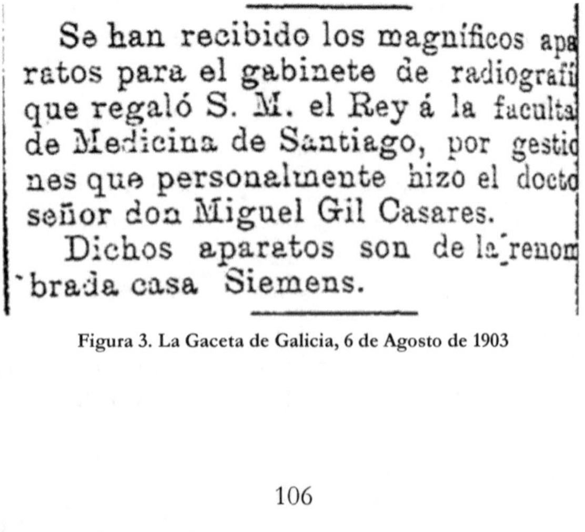

> Se han recibido los magníficos aparatos para el gabinete de radiografía que regaló S. M. el Rey á la facultad de Medicina de Santiago, por gestiones que personalmente hizo el doctor señor don Miguel Gil Casares.
> Dichos aparatos son de la renombrada casa Siemens.

Figura 3. La Gaceta de Galicia, 6 de Agosto de 1903

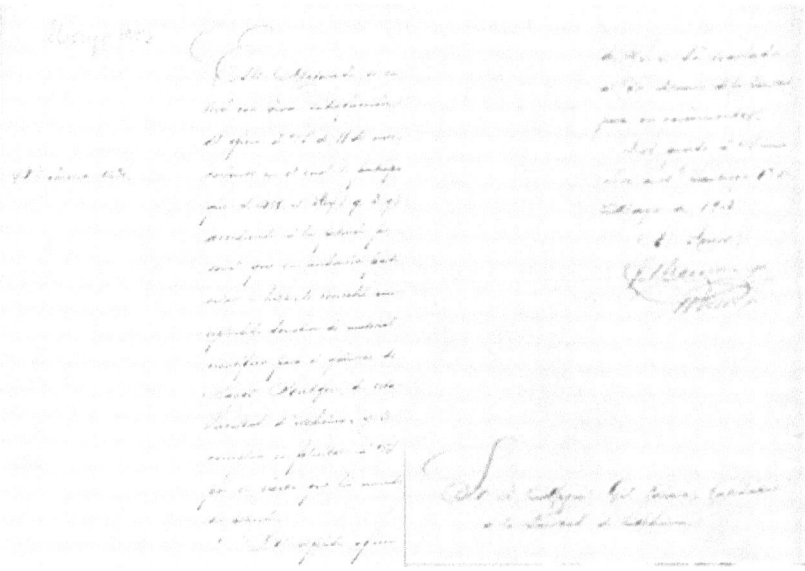

Figura 4. El 12 de Mayo de 1903 el rector Romero Blanco escribe esta nota felicitando a Gil Casares por la donación del Rey

BIBLIOGRAFÍA

Artículos (ordenados cronológicamente)

- El Lucense, 17 de noviembre de 1896
- La Opinión, de Pontevedra, 27 de enero de 1897.
- Novedades Médicas, (1900) Boletín de Medicina y Cirugía: órgano de los Alumnos Internos del Hospital Clínico. 30 de Enero.
- Fr. Plácido Ángel Rey Lemos (1900) Algo de Física Médica (I). Boletín de Medicina y Cirugía: órgano de los Alumnos Internos del Hospital Clínico.30 de Enero.
- Lafuente Mathé, J. (1900) La Fototerapia. Boletín de Medicina y Cirugía: órgano de los Alumnos Internos del Hospital Clínico.30 de Enero.
- Instalación de Rayos Röntgen. (1900).Boletín de Medicina y Cirugía: órgano de los Alumnos Internos del Hospital Clínico.15 de Febrero.
- Fr. Plácido Ángel Rey Lemos (1900) Algo de Física Médica (II) Boletín de Medicina y Cirugía: órgano de los Alumnos Internos del Hospital Clínico.15 de febrero.
- La Instalación de los Rayos X, (1900) Boletín de Medicina y Cirugía: órgano de los Alumnos Internos del Hospital Clínico. Santiago. 30 de Marzo.

- Fr. Plácido Ángel Rey Lemos. (1900) La Instalación de los Rayos X en el hospital. Boletín de Medicina y Cirugía, órgano de los alumnos internos del Hospital Clínico. Santiago. Año II. n° 18. 30 de Junio.
- Castro, Juan de (1900). Notas Compostelanas. La Correspondencia de España, 3 de Julio.
- Las Conferencias de Radiología. (1901) Rev. Méd. Gallega. N° 5. 30 de Enero.
- Gil Casares, M.(1901). Un caso raro de luxación del codo. Rev. Méd. Gall. 31 de Mayo. N° 9.
- La Ciencia y el Rey, La Gaceta de Galicia, 12 de mayo de 1903.
- El Áncora, 9 de junio de 1903.
- La Gaceta de Galicia, 6 de Agosto de 1903.
- La Gaceta de Galicia, 26 de noviembre de 1903.
- La Gaceta de Galicia ¿14? ¿4? de Marzo de 1910.
- Diario de Pontevedra, 29 de marzo de 1910.
- Los Rayos X en Santiago. (1910). Vida Gallega. Vigo. n° 28. noviembre.
- El Correo de Galicia, de 3 de Octubre de 1911.
- La Correspondencia Gallega 4 de Octubre de 1911.
- El Diario de Galicia de 4 de Octubre de 1911.
- El Diario de Galicia, 17 de diciembre de 1911.
- El Correo de Galicia, 18 de febrero de 1913.
- La Gaceta de Galicia, 18 de febrero de 1913.
- Blanco Rivero, Luis. (1932). El Homenaje a Gil Casares. Galicia Clínica. La Coruña. 15 de Octubre. P.521.
- Ponte Hernando, F; Rego Lijó, I; González Castroagudín, S. (2011). Alfonso XIII y Miguel Gil Casares: En los inicios de la Radiología en Compostela. Cadernos de Atención Primaria. Vol 18. Pp 259-262. Noviembre.
- Ponte, F. (2011) Los Rayos X en Santiago. El Correo Gallego 10 de Octubre.
- Ponte F. (2012) Más sobre Rayos X. El Correo Gallego 2 de Marzo.

Libros

- Álvarez Sierra, J. (1968). El primer congreso internacional de Medicina que se celebra en Madrid. En: Historia de la medicina Madrileña. Madrid. Editorial Universitaria Europea.
- Carro Otero, J.I. (1998): Materiais para unha historia da Medicina galega. Santiago de Compostela. Xunta de Galicia. T. I. p.183.

- Millán Suárez, J.E. (2001) Historia de la Radiología en Galicia, USC. Tesis Doctoral.
- Teijeiro Vidal, J. (1996). Cien Años de Radiología. (1895-1995). Discurso para su recepción pública como Académico electo. Real Academia de Medicina y Cirugía de Galicia. La Coruña 3 de Diciembre de1996. Ed. Instituto de España-RAMYCGA.

9. Ubicación de la enseñanza de la Oncología Radioterápica en el Grado de Medicina de la Universidad de Barcelona (Campus Clínic)

Albert Biete[1], Benjamín Guix[2], Ferrán Guedea[2], Antoni Herreros[3]
[1]Catedrático de Radiología y Medicina Física. Universidad de Barcelona
[2]Profesor Titular de Universidad de Radiología y Medicina Física. Universidad de Barcelona
[3]Profesor Asociado de Radiofísica. Universidad de Barcelona

GENERALIDADES

La medicina se ejerce por especialidades pero se enseña, al igual que el resto de disciplinas universitarias, por áreas de conocimiento. La que corresponde a la especialidad de Oncología Radioterápica se denomina Radiología y Medicina Física. Aparte de la citada, comprende también tres especialidades más, a saber, Radiodiagnóstico, Medicina Nuclear y Rehabilitación.

La enseñanza integrada en una misma asignatura es compleja. La rehabilitación no pertenece al **tronco** común radiológico pero utiliza técnicas de medicina física. El radiodiagnóstico, como ya indica su denominación, tiene finalidad diagnóstica por la imagen con la utilización de rayos X aunque el peso de otros agentes físicos como el magnetismo (RMN) o los ultrasonidos (ecografía) gana peso progresivamente. A la vez las técnicas intervencionistas se ayudan de los medios diagnósticos para ejercer un efecto terapéutico. La medicina Nuclear utiliza los radioisótopos con finalidades habitualmente diagnósticas pero también en ocasiones con finalidad terapéutica (**radioyodo**, terapia metabólica con P32, etc).

Nos encontramos por lo tanto en una situación compleja desde un punto de vista de unidad pedagógica. La Radiología y M. Física es un área poco uniforme, en la se entremezclan componentes de medicina diagnóstica, terapéutica y rehabilitadora. A la vez coexisten ámbitos tecnológicos y nosológicos.

LA ONCOLOGÍA RADIOTERÁPICA.

La especialidad de Oncología Radioterápica, derivada como una rama de la antigua Radioelectrología, ha sido conocida durante años como Terapéutica Física o Radioterapia. Ha sido difícil en España encontrar un término adecuado que sea similar al anglosajón "Radiation Oncology" o al germánico "RadioOnkologie". Su finalidad es la terapéutica de procesos patológicos mediante el uso de radiaciones ionizantes en sus variantes de radioterapia externa y braquiterapia. Las principales indicaciones se hallan en el campo de la Oncología aunque por los efectos antinflamatorios y antiálgicos de las dosis

bajas se utiliza también en patología benigna. Dentro de la oncología radioterápica existen componentes de:
- Radiofísica
- Radiobiología
- Radioprotección
- Tecnología
- Terapéutica Física con radiaciones ionizantes
- Utilización de medios diagnósticos por la imagen
- Oncología básica y clínica
- Farmacología antineoplásica y de soporte

La enseñanza de la Oncología Radioterápica en la licenciatura de Medicina de la Universidad de Barcelona ha pasado en los últimos años por diversas fases. La histórica Terapéutica Física pasó a denominarse Radiología y Medicina Física General y estaba ubicada en tercer curso. Lógicamente podían explicarse adecuadamente temas de radiofísica, radiobiología, radioprotección y bases de radioterapia, pero no las indicaciones y técnicas clínicas ya que no se habían cursado las asignaturas médicas y quirúrgicas necesarias. Una solución a este problema fue, en el marco de la reforma del plan de estudios de 2002 y en el contexto de una enseñanza integrada, la cesión de horas docentes en las asignaturas clínicas. Así por ejemplo, en Neurología se disponía de una hora lectiva para explicar temas del área de Radiología y M. Física. Repartir una hora de clase entre medios diagnósticos radiológicos de patología neurológica, radioterapia de tumores cerebrales o usos del SPECT o PET era evidentemente imposible técnicamente y pedagógicamente inadecuado. Además, la evaluación de los componentes del área dispersos en varias asignaturas de otras áreas era no solo compleja sino totalmente ineficaz.

El Grado de Medicina

La reforma de los estudios de medicina, con la desaparición del la licenciatura y su sustitución por el grado permitieron la reconducción e implementación de la problemática anteriormente expuesta. En el Plan de estudios del Grado de Medicina de la Universidad de Barcelona, aprobado por Resolución de la Universidad de Barcelona el 12 de Marzo de 2012 (BOE de 19 de Mayo de 2012), se contempla la ubicación de la enseñanza de los contenidos de Oncología Radioterápica dentro de las siguientes materias:
- Una materia denominada *"Procedimientos diagnósticos y terapéuticos"* de duración semestral, obligatoria y dotada con 30 créditos.
- Una materia denominada *"Enfermedades onco-hematológicas"* dotada de 11 créditos y también de duración semestral

En tercer curso se implanta la asignatura de "**Radiología y M. Física General**", semestral, troncal y obligatoria. Pertenece al área del mismo nombre y ésta, a efectos organizativos, se halla en el Departamento de Radiología y M.F., Obstetricia y Ginecología, Pediatría y Anatomía (campus del Hospital Clínico) o en el Departamento de Ciencias Clínicas (campus del Hospital de Bellvitge), ambos pertenecientes a la Universidad de Barcelona. La dotación de profesorado en el campus Clínic es de 2 catedráticos, 3 titulares y 19 asociados. La dotación de profesorado en el campus Bellvitge es de 1 titular y 11 asociados. Este profesorado, aparte de la asignatura citada, imparte la docencia correspondiente al área en la asignatura "**Oncología Médica y Radioterápica**" situada en 5° curso, así como contenidos propios en otros dos grados de reciente creación: "**Ingeniería biomédica**" (conjuntamente con la Facultad de Ciencias Físicas) y "**Ciencias biomédicas**" (conjuntamente con la Facultad de Biología). La Radiología y M. Física general tiene 6 créditos ECTS y 16 horas teóricas. El resto docente son prácticas y horas de estudio personal y tutorías. La oncología radioterápica ha visto drásticamente disminuido su contenido teórico en esta asignatura. Se ha reducido a tres horas, una dedicada a bases físicas e instrumentación, otra a radiobiología y la tercera a radioprotección. Se complementan con tres prácticas de dos horas de duración cada una dedicadas a: Utillaje y procedimientos de planificación, braquiterapia, dosimetría y dos casos clínicos elementales, ya que están en tercer curso.

En quinto curso se ha introducido una asignatura denominada "**Oncología Médica y Radioterápica**", troncal, obligatoria y semestral, dotada de 6 créditos ECTS. La dependencia es mixta, ya que los créditos de O.RDT están asignados al área de Radiología y M.F. y los de oncología médica al área de Medicina. En ella se imparten los contenidos clínicos de la oncología radioterápica, de forma general introductoria y también pormenorizada por localizaciones tumorales. La justificación se basa en que el 50% de los cánceres van a necesitar, de forma inicial o prevalente a lo largo de su evolución, un tratamiento de radioterapia, bien externa o braquiterapia. Se estructura en 20 horas teóricas, 15 seminarios y 60 horas de prácticas por alumno, de las que 20 se reservan a O. RDT en cada unidad docente.

En las tablas siguientes se detallan los contenidos de la especialidad de O. RDT dentro del marco global de las asignaturas:

Tabla I. Situación de la Oncología radioterápica en la asignatura "Radiología y Medicina Física General". 3er Curso Grado de Medicina. Universidad de Barcelona

	RDT	TOTAL (horas)	% sobre el total
Clases teóricas	3	16	19%
Pràcticas (Rx,RDT;MN,Reh)	3 (6 horas)	17 (34 horas)	18%

- Profesorado (Campus Clínic) : 1 CU, 1 TU, 1 Asociado.
- Profesorado (Campus Bellvitge): 1 TU, 2 Asociados.
- Colaboradores Docentes (prácticas) : Especialistas y Residentes del Servicio de Oncología Radioteràpica.

Nota: dado que la asignatura es semestral y hay dos grupos, las horas deben multiplicarse por 2 cada curso académico.

Tabla II. Situación de la Oncología Radioterápica en la asignatura "Oncología Médica y Radioterápica". 5º curso. Grado de Medicina. Universidad de Barcelona

	RDT	TOTAL (horas)	% sobre el total
Clases teóricas	9	20	45%
Seminarios	6	15	40%
Prácticas	5	20	25%
Act.semipresenciales	15	50	30%

- Profesorado (Campus Clínic) : 1 CU, 1TU, 1 Asociado
- Profesorado (Campus Bellvitge): 1 TU, 2 Asociados.
- Colaboradores Docentes (prácticas): Especialistas y Residentes del Servicio de Oncología Radioterápica

Nota: dado que la asignatura es semestral y hay dos grupos, las horas deben multiplicarse por 2 cada curso académico.

En la Figura 1 se muestra la distribución comparativa de los contenidos docentes teóricos de Oncología Radioterápica entre la antigua licenciatura y el actual grado. Cabe destacar que se han reducido la radiobiología, las bases físicas y la radioprotección a favor de la radioterapia clínica. Las bases de la misma o radioterapia general se mantienen igual.

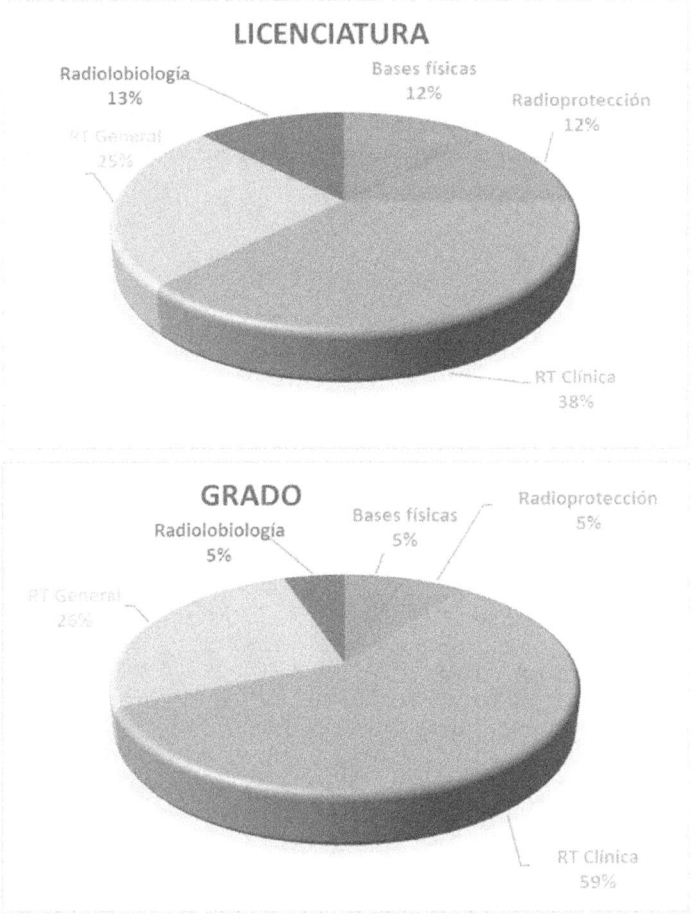

Figura 1. Distribución comparativa de contenidos de oncología radioterápica entre Licenciatura y Grado en la Universidad de Barcelona

CONCLUSIONES:

1. En Radiología y M.F. general los contenidos teóricos que impartimos son comunes a toda el área (bases físicas de la Radiología, radiobiología, radioprotección), excepto el utillaje propio de radioterapia. Pese a que las prácticas permiten reconducir algunos conocimientos, creemos que faltan un par de temas teóricos de bases de la radioterapia.
11. La disponibilidad de prácticas específicas de la especialidad es adecuada en distribución y suficiente en número y duración entre los dos cursos (3° y 5°).

12. La posibilidad de enseñar la radioterapia clínica en 5º curso es muy adecuada y se dispone de una buena disponibilidad de tiempo para explicar los contenidos principales de las localizaciones tumorales más frecuentes.
13. La escasa dotación de profesorado no permite la realización del programa práctico sin la colaboración voluntaria de especialistas y residentes sin relación contractual con la universidad.

10. La enseñanza de Radiología en los planes de estudio de Grado en Medicina

Rocío Lorenzo Álvarez[1], Laura Moral Gómez Monedero[1], José María Trillo Fernández[1], Francisco Sendra Portero[1]

[1]Departamento de Radiología y Medicina Física. Facultad de Medicina. Universidad de Málaga

rociolorenzoalvarez@gmail.com; lauramoral000@hotmail.com; jotrifer@hotmail.com; sendra@uma.es

Resumen

Este proyecto evalúa la Enseñanza de Radiología en los Estudios de Medicina en España (ERESMES). Las fuentes son: 1) los planes de estudio, 2) las guías de las asignaturas 3) los profesores y 4) los alumnos. En el presente trabajo se aporta una visión general de la situación de la radiología en el grado a partir de los planes de estudio publicados.

Existen actualmente 39 universidades con grado en Medicina, una de ellas (Castilla la Mancha) con dos facultades, lo que hace un total de 40 facultades de Medicina.

Las 39 universidades tienen los estudios de grado en medicina implantado. La mayoría (29 facultades) en tercer o cuarto curso. Se aporta información global sobre las materias y créditos ECTS. En los casos en que la Radiología está integrada con materias de los últimos años es difícil conocer los créditos dedicados desde el plan de estudios.

Tal y como ocurrió con el título de licenciado en Medicina (en vías de extinción), la situación vuelve a ser heterogénea y con algunas singularidades.

Introducción

En 2008 la comisión de formación de la sociedad Española de Radiología Médica (SERAM) publicó un estudio en el que se analizaba la enseñanza de radiología en los estudios de licenciado en Medicina en España [1]. En esa época existían 28 facultades de medicina. El estudio concluía que la enseñanza de radiología en la universidad española era heterogénea en programas y organización. La implantación de los planes de estudio de Grado en Medicina ha conducido a una nueva situación de heterogeneidad en la que se desconoce cuál es la situación exacta de las materias de Radiología y Medicina Física en un número de facultades de medicina que ha ascendido a 40.

La presente comunicación es el primer paso de un proyecto que persigue evaluar la Enseñanza de Radiología en los Estudios de Medicina en España (ERESMES). Las fuentes son: 1) los planes de estudio, 2) las guías de las asignaturas 3) los profesores y 4) los alumnos. En el presente estudio participan alumnos internos del departamento y se aporta una visión general en 2013 de la situación prevista para el grado a partir de los planes de estudio publicados.

Los planes de grado en Medicina y la enseñanza de Radiología

Existen actualmente 39 universidades con grado en Medicina, una de ellas (Castilla la Mancha con dos Facultades), lo que hace un total de 40 facultades de Medicina. En la Tabla I se muestra la fecha de inicio del plan de estudios de grado en medicina en las diferentes universidades. Puede apreciarse que seis universidades comenzaron en el curso académico 2008-09, once en 2009-10, veinte en 2010-11, dos en 2011-12 y una en 2012-13. La implantación de los nuevos planes de estudio ha sido asincrónica y con algunas curiosidades legales o administrativas. Por ejemplo, en 2013 aún no estaban publicados en el BOE los planes de estudio de las universidades de Girona y CEU San Pablo, a pesar de haber comenzado a cursarse los estudios en 2008-09 y 2010-11 respectivamente.

La información sobre los créditos ECTS dedicados a Radiología es difícil de rescatar, aunque la tabla II muestra una visión general obtenida de los planes de estudio publicados en el BOE y las páginas web de las universidades respectivas. En los casos en que la Radiología está integrada con materias de los últimos años es difícil conocer los créditos dedicados a radiología desde el plan de estudios (Universidad de Girona, por ejemplo). Puede apreciarse la diversidad de créditos asignados al área de conocimiento Radiología y Medicina Física, que oscilan desde 3 ECTS (Universidad Internacional de Cataluña) a 18 (universidades de Cantabria y Extremadura). Desconocemos la cantidad de estos dedicados a Radiodiagnóstico, Medicina Nuclear u Oncología Radioterápica, lo que será objeto de fases posteriores de este proyecto. En ocho universidades, los créditos reflejados en el plan de estudio incluyen la Física Médica (F) sin que se determine la extensión exacta de ésta. En otras universidades (Jaume I y Lleida) se imparten los créditos conjuntamente con cirugía sin que se determine exactamente la proporción de contenidos de radiología. En otras (Extremadura) ocurre algo similar con oncología.

Tabla I.- Año de comienzo del grado en medicina en las distintas universidades españolas

Universidad	Año de comienzo del grado
Alcalá	2010-11
Alfonso X el sabio	2009-10
Autónoma de Barcelona	2010-11
Autónoma de Madrid	2010-11
Barcelona	2009-10
Cádiz	2009-10
Cantabria	2009-10
Castilla La Mancha (Albacete)	2011-12
Castilla La Mancha (Ciudad Real)	2010-11
Católica de Valencia	2009-10
Católica San Antonio	2012-13
CEU Cardenal Herrera	2010-11
CEU San Pablo	2010-11
Complutense de Madrid	2010-11
Córdoba	2010-11
Europea de Madrid	2008-09
Extremadura	2009-10
Francisco de Vitoria	2010-11
Girona	2008-09
Granada	2010-11
Internacional de Cataluña	2008-09
Jaume I	2010-11
La Laguna	2008-09
Las Palmas de Gran Canaria	2010-11
Lleida	2009-10
Málaga	2010-11
Miguel Hernández	2010-11
Murcia	2010-11
Navarra	2011-12
Oviedo	2010-11
Pais Vasco	2010-11
Pompeu Fabra	2008-09
Rey Juan Carlos I	2008-09
Rovira y Virgili	2009-10
Salamanca	2010-11
Santiago de Compostela	2010-11
Sevilla	2009-10
Valencia	2009-10
Valladolid	2010-11
Zaragoza	2009-10

Tabla II.- Número de créditos ECTS dedicados a radiología en las distintas universidades españolas

Universidad	Créditos ECTS
Alcalá	6
Alfonso X el sabio	10 (F)
Autónoma de Barcelona	6
Autónoma de Madrid	8
Barcelona	12 (F)
Cádiz	12 (F)
Cantabria	18 (F)
Castilla La Mancha (Albacete)	9
Castilla La Mancha (Ciudad Real)	9
Católica de Valencia	12 (F)
Católica San Antonio	10,5
CEU Cardenal Herrera	6 (F)
CEU San Pablo	12 (F)
Complutense de Madrid	12 (F)
Córdoba	9
Europea de Madrid	7
Extremadura	18 (Onc.)
Francisco de Vitoria	9
Girona	Integrada
Granada	13
Internacional de Cataluña	3
Jaume I	7 (Q)
La Laguna	12
Las Palmas de Gran Canaria	6
Lleida	9 (Q)
Málaga	9
Miguel Hernández	6
Murcia	9
Navarra	11
Oviedo	10.5
Pais Vasco	12
Pompeu Fabra	10
Rey Juan Carlos I	7
Rovira y Virgili	3
Salamanca	9
Santiago de Compostela	9
Sevilla	6
Valencia	10
Valladolid	9
Zaragoza	12

F: se incluye la asignatura de Física Médica. Onc.: hay créditos sin determinar incluidos con onclología. Integrada: Enseñanza integrada, sin deteminar los créditos que corresponden a Radiología y Medicina Física. Q: Enseñanza integrada con quirúrgica, sin determinar los créditos que corresponden a Radiología y Medicina Física.

Tabla III. Algunos ejemplos comparativos de la distribución en asignaturas en distintas universidades, Cantabria (UNICAN), Málaga (UMA) y Santiago de Compostela (USC)

Universidad	Asignatura	Curso	Semestre	ECTS
UNICAN	Física Médica y Protección Radiologia (I)	1º	1	6
	Radiología y Medicina Física General (I)	3º	1	6
	Radiología Clínica (I)	5º	2	6
UMA	Radiología	3º	2	6
	Radioterapia	3º	2	3
	Rotatorio Radiología y Medicina Física	6º	1	3
USC	Radiología I	3º	1	6
	Radiología II	3º	2	3

La organización por asignaturas es igualmente variada y muy heterogénea. En la Tabla III pueden apreciarse tres ejemplos distintos que ilustran la diversidad de distribución de asignaturas y su ubicación en la carrera. Aunque mayoritariamente se mantiene una radiología general en tercer curso, ocasionalmente hay contenidos básicos (física, protección radiológica, anatomía radiológica, etc.) en los cursos previos y un mayor o menor número de créditos dedicados a la radiología clínica en quinto o sexto curso. Este proyecto persigue hacer un estudio pormenorizado de materias, contenidos teóricos y prácticos, así como profesorado dedicado a la docencia, a fin de determinar si se alcanzan los mínimos exigibles en formación radiológica de pregrado[2].

Discusión

El estudio de la comisión de formación de SERAM[1], analizó la situación en la última fase de los estudios de licenciado en medicina. La situación actual mantiene una heterogeneidad importante en un número de facultades sustancialmente mayor, pues han pasado de ser 28 a 40, a expensas de modelos de formación privada.

Además de analizar los contenidos de las asignaturas un problema crítico es identificar el número de profesores que imparten radiología. En el estudio de 2008 se localizaron 199 profesores radiólogos con un promedio de 7±5 por universidad (rango de 1 a 20). Será muy interesante reevaluar el número de profesores dedicados a la docencia así como los radiólogos implicados en la formación práctica de los estudiantes de medicina con diferentes figuras docentes reconocidas en las distintas comunidades autonomías como tutor clínico, colaborador honorario, etc..

Kourdikova y cols. publicaron un estudio en 2011 en el que analizan la formación de radiología en el pregrado en Europa en un total de 31 países[3]. España quedó en el séptimo puesto en cuanto a contenidos de radiología en el curriculum de medicina, pero este estudio tiene un gran sesgo, pues sólo se incluyó una universidad por país, por lo que no se contempla la gran heterogeneidad de la formación médica en España, lo que, por otro lado, puede ser perfectamente extrapolable a otros países. Resulta cuando menos curioso esta heterogeneidad inter e intranacional cuando los actuales planes de estudio se diseñaron bajo la filosofía de la homogeneización (harmonization) del Espacio Europeo de Enseñanza Superior.

Conclusiones

Es importante analizar en qué situación estamos, para proponer potenciales soluciones a aquellas facultades con déficit de contenidos y/o de profesores que los desarrollen, o proporcionar contenidos complementarios asequibles (mediante formación on-line, por ejemplo) para subsanar carencias a demanda del estudiante o su profesor.

Tal y como ocurrió con el título de licenciado en Medicina (en vías de extinción), la situación vuelve a ser heterogénea y con algunas singularidades que merece la pena que sean estudiadas a fondo. En las etapas posteriores de este proyecto se pretende conseguir información más detallada sobre el temario impartido, tanto teórico como práctico, áreas de conocimiento implicadas, número de profesores y colaboradores en la docencia, así como servicios hospitalarios y otros recursos.

Bibliografía

1. del Cura Rodríguez JL, Martínez Noguera A, Sendra Portero F, Rodríguez González R, Puig Domingo J, Alguersuari Cabiscol A. La enseñanza de la Radiología en los estudios de la licenciatura de Medicina. Informe de la Comisión de Formación de la SERAM. Radiología. 2008; 50:177-182.
2. European Society of Radiology (ESR). Undergraduate education in radiology. A white paper by the European Society of Radiology.Insights Imaging. 2011; 2:363-374.
3. Kourdikova EV, Valckle M, Derese A, Verstraete KL. Analysis of radiology education in undergraduate medical doctors in Europe. European Journal of Radiology. 2011;78:309-18.

11. El Plan Bolonia modifica los planes de estudio en la Universidad de Málaga: Implantación de la asignatura de Radioterapia en 3º grado. Análisis del resultado

Lourdes de la Peña Fernández[1]
Departamento de Radiología y Medicina Física. Facultad de Medicina. Universidad de Málaga
lpf@uma.es

Resumen

Aproximadamente, el 60% de los pacientes con cáncer reciben radioterapia como parte del tratamiento oncológico.

Los aspectos relativos a esta disciplina no se imparten a los estudiantes universitarios hasta el curso de rotatorio clínico o como asignatura optativa.

El objetivo de este estudio es comprobar si la docencia de oncología radioterápica por parte de especialistas en esta área de conocimiento, en tercer curso, en el bloque de procedimientos diagnósticos y terapéuticos, es factible y cambia la actitud de los estudiantes hacia esta especialidad

Se han evaluado la adquisición de conocimientos en aspectos como radiobiología, radioprotección, cáncer de mama, en estudiantes de tercer curso de medicina, a través de un mismo test realizado a comienzo y final de curso.

70.07% de los alumnos matriculados realizaron ambos test. Mejoraron los resultados en todas las cuestiones realizadas, excepto en una, ($p<0,005$).

Con una adecuada metodología, alumnos de tercer curso de grado, adquieren conocimientos sobre oncología radioterápica.

Introducción

Los datos de Incidencia del cáncer en España en 2012 eran de 215.534 casos, con una tasa estandarizada por edad de 215,5 casos por 100.000 habitantes por año, y un riesgo de presentar cáncer antes de los 75 años de 25,1%. La predicción para 2015 es de 227.076 casos, con un crecimiento de nuevos casos que se produce en mayor medida a costa de la población ≥ 65 años.

El crecimiento de la población y su envejecimiento explicarían fundamentalmente este incremento. (1). Ante esta situación, médicos de todas las especialidades, se van a encontrar a lo largo de su carrera profesional, con pacientes con cáncer. Es por ello, que existe un consenso general acerca de que los estudiantes de medicina deben adquirir durante sus años de formación universitaria, conceptos acerca de estrategias de prevención, diagnóstico y opciones terapéuticas del cáncer.

La Oncología es una especialidad multidisciplinar, que se imparte de forma fragmentada a lo largo de la formación universitaria, y el papel de la radioterapia, en particular, no es bien enseñado ni comprendido. Diversas publicaciones internacionales reclaman que es necesario un aumento en la formación en oncología (2,3), y en especial, de la oncología radioterápica, ya que aproximadamente un 60% de los pacientes con cáncer, recibirán radioterapia como parte de su tratamiento.

Este déficit en la formación de oncología radioterápica llama más aún la atención, si consideramos el enorme progreso acontecido en esta disciplina. Por un lado, los avances sobre conocimientos en la biología tumoral así como de los mecanismos de actuación de la radiación a nivel molecular. Por otro, se unen los avances tecnológicos e informáticos. Así, hemos pasado de aparatos de tratamiento con ortovoltage y unidades de cobalto 60, y planificación 2D, a sofisticados tratamientos de la mano de los aceleradores lineales, como la IMRT, IGRT, SBRT, y planificación 3D e incluso 4D.

Pero a nivel docente universitario, hemos experimentado también estos cambios?

A nivel internacional, en la mayoría de las guías docentes universitarias, los conceptos relativos a oncología radioterápica, no son introducidos a los estudiantes hasta los últimos años de rotatorio clínico, y la mayoría de las veces, como materia optativa.

Pocas guías docentes incorporan la docencia de la oncología radioterápica en los primeros años de formación universitaria, y cuando es así, esta formación suele estar limitada a unos pocos temas teóricos.

La Iniciativa para la Educación de Oncología (OEI), liderada por la Universidad de Boston, pretende corregir esta deficiencia mediante la docencia de la oncología radioterápica de la mano de la radiología. (4).

La formación en la imagen radiológica es vital en la formación médica universitaria y de particular importancia en la formación en oncología radioterápica. Pruebas de imagen como CT, MRI e incluso PET, son importantes en oncología radioterápica, no sólo en el diagnóstico inicial, también en la planificación del tratamiento y en las posteriores revisiones al paciente.

Aunque la Sociedad Americana de Oncología Clínica propone las directrices para la formación de la especialidad de oncología médica (5), y en 2012, ESTRO (European Society Therapeutic Radiation Oncology) publicó una revisión y estandarización sobre las enseñanzas mínimas sobre la materia para oncólogos radioterapeutas, físicos médicos y técnicos de radioterapia (6), no hay consenso sobre lo que se debe enseñar en el nivel de pregrado de medicina ni tampoco acerca de cuándo esa docencia debe impartirse. La O. Radioterápica, es quizás de las disciplinas más especializadas dentro del campo de la oncología, pues incluye el conocimiento, no sólo de oncología clínica, sino también de física de radiaciones y de biología del cáncer, lo cual hace que no sea bien comprendida por los alumnos ni por el resto de los especialistas que no trabajan directamente en este campo. (7). Algunos autores y organismos internacionales proponen que el curriculum ideal en oncología aborden estos conceptos, pero proponiendo objetivos que cumplan las necesidades generales que un médico de medicina general debe saber respecto a esta materia. (8)

Situación en la Facultad de Medicina de la Universidad de Málaga

La titulación de grado, se aprueba en Junta de Centro de la Facultad de Medicina de Málaga el 3 de Diciembre de 2009, empezándose a impartir en el curso 2010/11; coexistiendo en ese momento ambas titulaciones: grado (1°, 2°, y 3°) y licenciado (4°,5°, y 6°).

En el verifica aprobado, se imparten en el área dos asignaturas, Radiología de 6 créditos ECTS, y Radioterapia , de 3 créditos ECTS, ambas en 3er curso, en el 2° semestre, por lo que el alumno tiene ya adquiridos conocimientos de anatomía, farmacología, fundamentos de cirugía, de medicina y anatomía patológica.

La asignatura de Radioterapia, presenta las siguientes características:

El porcentaje de experimentalidad es el siguiente: 63% teórica, 37% práctica, correspondiendo el 63% con grupo grande: 18,9 horas, que se imparten en forma de lección magistral con 18 temas (4 de física de radiaciones y protección radiológica, 4 de radiobiología,1 sobre aspectos generales del cáncer (epidemiología, diagnóstico, prevención primaria y secundaria,...), 2 sobre fundamentos biológicos y técnicos de la radioterapia, 1 sobre el papel de la imagen en radioterapia y 6 sobre el papel de la radioterapia en cáncer mama, pulmón, recto, próstata, ginecológicos, y esfera ORL).

El 37% de horas prácticas, se corresponde con 11,1 horas en grupo pequeño, realizando 8 horas de estancia hospitalaria (4 alumnos/hospital) y 4 horas seminario.(16 alumnos/seminario).

Las competencias y objetivos, son los definidos y consensuados en XXV Seminario APURF y publicados en BOE del 15 Febrero 2008. (9).

La evaluación consiste en una prueba final oral que constituye el 80% de la calificación. El 20 % restante, se obtiene de calificar la participación en actividades de la plataforma virtual de la UMA, seminarios y prácticas clínicas hospitalarias.

La apuesta por tener la asignatura de Radioterapia en tercer curso, viene justificada porque en 3°, los alumnos poseen conocimientos suficientes para conocer los fundamentos de la O. Radioterápica y sus aplicaciones clínicas. En los últimos cursos, por experiencias anteriores, hemos observado que la actitud y el desconocimiento de otros especialistas hacia la O. radioterápica, puede producir un sesgo en la formación del estudiante de medicina.

MÉTODOS

Para determinar si estábamos en lo cierto, es decir, si la formación en O. Radioterápica en los primeros años de carrera cambia su actitud hacia la materia, se les ha propuesto a los estudiantes la realización de un test que valorara tanto conocimientos como opiniones. El mismo test se realizó dos veces, el primero se realizó el primer día de clase, en febrero, y se les volvió a pasar el mismo test al finalizar el curso (finales de mayo). El test incluye conceptos generales en oncología radioterápica, física de la radiación, radiobiología, cáncer de mama y la opinión de los estudiantes de medicina de tercer año del curso 2012-13 Las 10 preguntas pre-test y post-test fueron las mismas y se han diseñado de acuerdo con las competencias y los objetivos del curso y la prueba publicados por Hirsch y cols. (4), y modificado por el profesor de la asignatura y el alumno interno del curso (Anexo I). Las respuestas a cada pregunta constituían un conjunto de datos categóricos ordenados. Cuando se compararon dos variables categóricas independientes, se aplicó una prueba de chi cuadrado con la prueba exacta de Fisher en los casos que han tenido menos de 5 opciones para el análisis estadístico, y la significación estadística fue aceptada cuando se obtuvo una probabilidad de error de <0,05.

RESULTADOS

De una media de 130 alumnos, 95 participaron en el análisis pre y post test.
Tras el análisis de los test, y la comparación de los resultados al comienzo de la asignatura y tras finalizar el cuatrimestre, se observó una mejoría en todas las respuestas excepto en una, la que cuestionaba sobre unidades de medida de la radiación. Los resultados se muestran en la figura 1. El progreso en la adquisición de conocimientos ha sido bueno, y se ha demostrado con los resultados obtenidos. Al comienzo del curso, en la pregunta sobre si la radioterapia es un tratamiento loco-regional o un tratamiento sistémico, el concepto no estaba claro, 45alumnos, de 95 (47,4%) piensan que es tratamiento sistémico, mientras que 44 (46,3%) pensaban que era un tratamiento loco-regional. Después de las clases, el 89,5% de los estudiantes respondieron correctamente, aunque el 10,5% todavía piensa que es un tratamiento sistémico, pero la mejora es significativa (p <0,005). Antes de las clases, existía confusión acerca de seleccionar una modalidad o técnica de radioterapia de entre las expuestas; el 49,5% de los estudiantes respondía que la radiocirugía era

una modalidad de tratamiento radioterápico, pero un 22,1% creía que la SPECT lo era también.. A final del curso, después de las clases teóricas y prácticas, la mejoría en el conocimiento sobre la radiocirugía fue significativo (p <0,005), del 49,5% de los estudiantes, al 97,9%. Para la pregunta relativa a la radiación emitida por un acelerador lineal, en el pre-test sólo el 16,8% de los estudiantes tenía un conocimiento correcto acerca de estos conceptos, que mejoró a 86.3% en el post-test. La categoría de cáncer de mama también mostró una mejora estadísticamente significativa para ambas preguntas. En a pregunta sobre el efecto secundario más común atribuible a la radioterapia en el cáncer de mama, en el pre-test 70.5% de los estudiantes respondió erróneamente "todas las anteriores", lo que significa que ellos pensaban que alopecia, los vómitos la disfagia y el eritema eran atribuibles a la radioterapia; Sólo contestaron correctamente el 23,2%, mejorando de forma notable, hasta el 97,9% al finalizar el curso (figura 2)

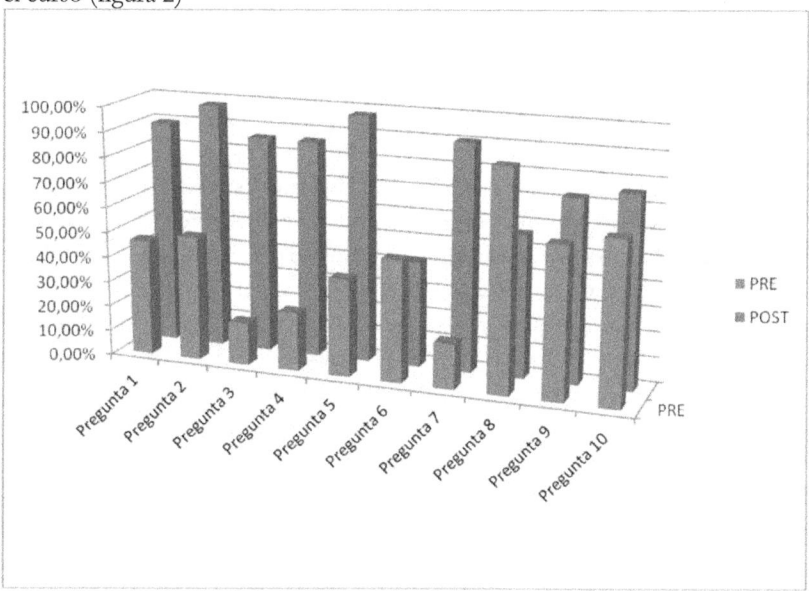

Figura 1. Porcentaje de respuestas correctas en pre y post-test

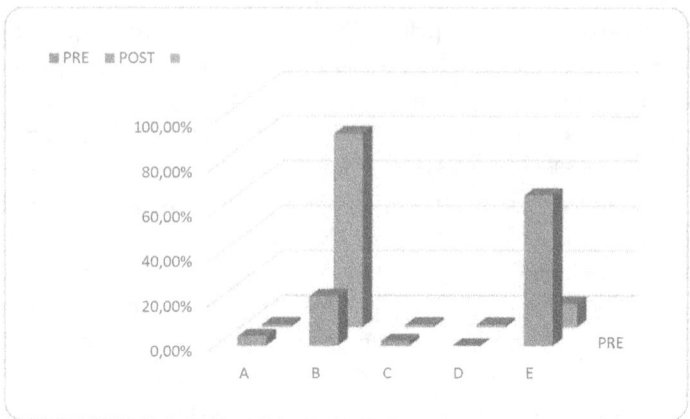

Figura 2. Resultados de pregunta nº 4 (sobre el efecto secundario agudo más común de la radiación sobre la mama).

En la otra pregunta acerca del tratamiento conservador del cáncer de mama, si tras tumorectomía la paciente debe recibir alguna otra terapia, el 38,9% respondió correctamente en el pre-test, mientras que en el post-test hubo un incremento en las respuestas correctas hasta un 97,9%. También es notable que la opción de la quimioterapia fue marcada en el pre-test por el 34,7% (Figura 3), y ninguno de los estudiantes eligió esta opción en el post-test. Los resultados para la pregunta sobre la unidad de dosis absorbida eran la única cuestión que no presentó mejoría en los resultados. En el pre-test, el 48,4% de los alumnos respondió correctamente, mientras que en el post-test, el porcentaje que contestó correctamente bajó al 42,1%. Es razonable pensar que tal vez esta pregunta estaba mal redactada y no fue bien entendida por los estudiantes, centrándose en unidades del sistema internacional. La pregunta sobre la protección radiológica muestra una notable mejoría de 17,9% a 90,5%. El bloque sobre la opinión es bastante interesante. En el pre-test, el 3,2% de los estudiantes nunca había oído hablar de la radioterapia, mientras que el 87,4% sabía sólo lo básico. En el post-test, ninguno de ellos respondió la primera opción (que nunca habían oído hablar de ella), 11.6% marcaron que sólo conocían lo básico, el 30,5%, eligieron que sabían mucho, el 1,1% que sabían más sobre radioterapia que sobre cualquier otra especialidad, y la mayoría, el 56,8% respondió que sabían acerca de la radioterapia como de otras especialidades.

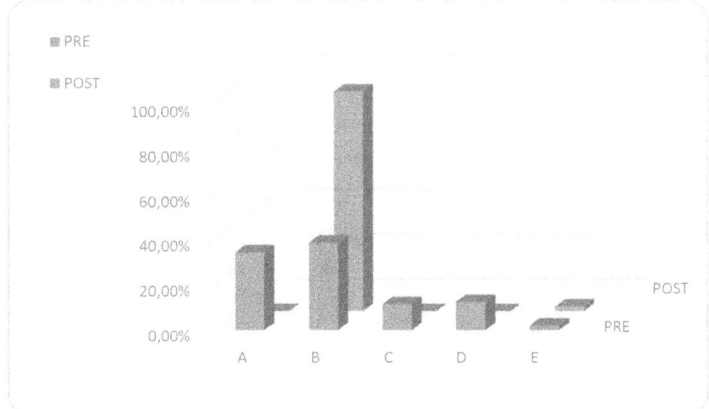

Figuar 3. Resultados de la pregunta n° 5 (acerca del tratamiento que se debe realizar tras tumorectomía, en el tratamiento conservador del cáncer de mama).

En la última pregunta, 87 de 95 (91,5%) de los estudiantes de medicina opinan que la oncología radioterápica es un componente importante de la educación médica, y todos ellos informaron de que después de recibir esta enseñanza, estaban motivados para aprender más sobre el tema, el 75,8% piensa que es muy interesante y el 24,2% dicen que es interesante y necesaria.

DISCUSIÓN

Está claro que el estudiante de medicina debe adquirir conocimientos de oncología en su formación universitaria, pero los temas de oncología radioterápica, hasta hace unos años, eran pocos e impartidos por médicos que, en su mayoría, no eran oncólogos radioterapeutas.

Desde hace varios años, en las universidades de todo el mundo y en las universidades españolas, la enseñanza de la oncología ya forma parte del plan de estudios del estudiante de medicina.

Las diferencias en los planes de estudio de las diferentes universidades, acerca de la ubicación y contenido de esta disciplina, se encuentran en varios aspectos; por un lado, en el área de conocimiento en el que se imparte, ya sea en el área de medicina o en el de radiología, por otro, quien imparte los temas, especialistas en oncología radioterápica o no, y, todo ello con el sesgo resultante. Actualmente, además de la British Columbia Cancer Agency, que tiene una larga tradición de docencia en oncología radioterápica a los estudiantes de medicina (11), sólo dos instituciones en los Estados Unidos han publicado pruebas de la integración de oncología radioterápica en el plan de estudios de la Facultad de Medicina, estas son la Facultad de Medicina de Universidad de Boston y la

Escuela de Medicina de la Universidad de Duke. El Departamento de Oncología Radioterápica perteneciente a la Universidad de Duke, ofrece un curso de Oncoanatomía destinado a mejorar los conocimientos anatómicos en el contexto clínico de los principios y prácticas de la radioterapia; sin embargo, este curso está dirigido fundamentalmente a los residentes de oncología radioterápica, y no a los estudiantes de pregrado. La OEI (Iniciativa de Educación en Oncología), de la Escuela de Medicina de la Universidad de Boston, es la única iniciativa hasta ahora que ofrece temas de oncología radioterápica para todos los estudiantes de medicina en el transcurso del año académico (4).

En Europa, Peckham, M. publicó un estudio en 1989 de más de 100 universidades y encontró que sólo el 60% tenían planes de estudios de oncología y que la enseñanza no era actual (11) y Cellerino R. et al, publicaron resultados acerca de la enseñanza de la oncología médica en las escuelas médicas italianas (12). La mayoría de las publicaciones europeas hacen referencia a planes de estudios para la formación de radioterapeutas (13), así como directrices para la infraestructura de los servicios hospitalarios de radioterapia en Europa (14), y más recientemente, la ESTRO 2011 publicó la actualización de los planes de estudios básicos para los médicos, radiofísicos y técnicos en oncología radioterápica (6).

En España, se han publicado artículos sobre la situación actual de la especialidad, además de las guías docentes de cada universidad, donde se imparten o no, temas de radioterapia, aspectos que se recogen en distintos seminarios de la APURF (Asociación de Profesores Universitarios de Radiología).

Tradicionalmente, en España, los temas de oncología radioterápica se han incluido dentro del campo de la Radiología y Física Médica., siendo el tercer curso académico en el que se imparte más a menudo este conocimiento. En los últimos años, con los cambios en los planes de estudios universitarios, el contenido de los temas de Oncología Radioterápica, ha sufrido varios cambios. Mientras que en la mayoría de las facultades de medicina, como la Universidad de Granada, la Universidad Complutense de Madrid y la Universidad del País Vasco, los contenidos están dentro del campo de la radiología y en el tercero o cuarto año académico, encontramos que, la Universitat Autónoma de Barcelona y la universidad de Navarra, entre otras, imparten temas relacionados con esta disciplina, en quinto o sexto curso, Hasta la fecha, ninguna facultad de medicina a excepción de la Universidad de Málaga tiene una asignatura exclusivamente de contenidos básicos y clínicos de oncología radioterápica.

Tampoco ninguna facultad española ha publicado la experiencia y los resultados de la enseñanza de esta materia.

Con los resultados obtenidos en nuestra universidad, hemos demostrado que la introducción de la asignatura "radioterapia" en el nuevo grado de la facultad de Medicina de Málaga, mejora significativamente el conocimiento del alumno sobre el tema.

A pesar de la percepción errónea de que la oncología radioterápica es, no sólo demasiado difícil para los estudiantes de medicina, sino también, que está más allá del alcance del conocimiento razonable para los estudiantes de medicina, con este estudio, hemos demostrado que impartiendo clases pensando en los conocimientos que sobre radioterapia debe adquirir un médico general, los estudiantes pueden aprender y absorber principios generales relativos a la oncología radioterápica.

La pregunta que no ha mostrado mejoría en la adquisición de conocimientos, es el único tema que no fue impartido por un radioterapeuta .Nuestros resultados son consistentes con los publicados por Hirsh et al. (4). Del mismo modo, los resultados de opinión de nuestra prueba son consistentes con los publicados por Hirsh et. Al, 2007.

La clave está, como así lo afirma el curriculum ideal en oncología para las facultades de medicina, en proporcionar contenidos necesarios que satisfagan necesidades de aprendizaje del médico general en lugar de las necesidades específicas de un futuro oncólogo radioterapeuta (10). Si clases las imparte un radioterapeuta pensando en las competencias de un médico general, se puede alcanzar el objetivo de adquisición de conceptos generales e incluso específicos de la especialidad en años preclínicos por parte de los estudiantes de medicina(3).

CONCLUSIONES

Los resultados de este estudio muestran que los estudiantes de tercer curso de grado de medicina de la Universidad de Málaga, están contentos con la docencia de oncología radioterápica y el aprendizaje obtenido, encontrándose motivados a estudiar y aprender más sobre esta disciplina.

No debemos olvidar que la enseñanza debe ser impartida por un oncólogo radioterapeuta que tenga en cuenta que tiene que formar médicos generales con conocimientos en radioterapia y no especialistas en la materia.

BIBLIOGRAFÍA

1. Ferlay, J., Soerjomataram, I., Ervik, M., Dikshit, R., Eser, S., Mathers, C.,et al. (2013). Globocan 2012, Cancer Incidence and Mortality Worldwide:

IARC Cancer Base.n°11 Lyon, France: International Agency for Research on Cancer. Available from: http://globocan.iarc.fr . Accesed 18 dec 2014.

14. Payne, S., Burke, D., Mansi, J., Jones, A., Norton, A., Joffe J.,et al (2013). Discordance between cancer prevalence and training: a need for an increase in oncology education. Clin Med, 13(1): 50-56.

15. Hirsh, A.E., Deeptej, S., Ozonoff, A., Slanetz, P. (2007). Educating medical students about radiation oncology: initial results of the oncology education initiative. J Am Coll of Radiol, 4: 711-715

16. Hirsch, A.E., Bishop, P.M., Dad, L. Singh, D., Slanetz, P. (2009). An increase in medical student knowledge of radiation oncology: a pre–postexamination analysis of the oncology education initiative. Int. J. Radiat Oncol Biol. Phys, 73:1003-1008.

17. Muss, H.B., Von Roenn, J., Damon, J., Deangelis, L., Flaherty L. (2005). ACCO: ASCO core curriculum outline. Clin Oncol , 23: 2049-2077.

18. Eriksen, J., Beavis, A., Coffey, M., Leer, J., Magrini, S., Benstead, K., et al. (2012). The updated ESTRO core curricula 2011 for clinicians, medical physicists and RTTs in radiotherapy/radiation oncology. Radiother Oncol, 103: 103-108

19. Samant, R., Malette,M., Tucker, T., Lightfoot, N. (2001). Radiotherapy educating among family physicians and residents. J Cancer Educ , 16:134-138.

20. Haagedoorn, E.M., De Vries, J., Robinson, E. (2000). The UICC/WHO-CCCE cancer education project: a different approach. J Cancer educ , 15: 204-208

21. BOE (2008). Orden ECI/332/2008, de 13 febrero, por la que se establecen los requisitos para la verificación de los títulos universitarios oficiales que habiliten para el ejercicio de la profesión médica. Available from: https://www.boe.es/boe/dias/2008/02/15/pdfs/A08351-08355.pdf . Accesed 7 jan 2015

22. Dennis, K., Duncan, G. (2010). Radiation oncology in undergraduate medical education: a literature review. Int J Radiat Biol Phys, 76: 649-655.

23. Peckham, M. (1989). A curriculum in oncology for medical students in Europe. Acta oncol , 28: 141-47.

24. Cellerino, R., Graziano, F., Piga,A, Ghetti,V. (1993). A survey among teachers and students. Ann Oncol, 4:717-721

25. Baumann, M., Leer, J.W., Dahl, O., De Neve, W., Hunter, R., Rampling, R. et al. (2004). Update European core curriculum for radiotherapists (radiation oncologists). Recommended curriculum for the specialist training of medical

practitioners in radiotherapy (radiation oncology) within Europe. Radiother Oncol, 70: 107-113.
26. Rottinger, E., Barrett, A., Leer, J.W. (2004). Guidelines forv the infrastructure of training institutes and teaching departments for radiotherapy in Europe. Radiother Oncol , 70: 123-124.

ANEXO I. ONCOLOGY EDUCATION INITIATIVE

1. La radioterapia es un tratamiento:
   a) Es una modalidad de tratamiento sistémico del cáncer
   b) Es una modalidad de tratamiento locoregional del cáncer
   c) Ninguno de las dos
   d) Es un tipo de tratamiento sistémico y local del cáncer
   e) Es una disciplina que trata de cómo protegernos frente a las radiaciones.
2-. ¿Cuál de las siguientes, es una técnica o modalidad de radioterapia?
   a) Tractografía cerebral
   b) PET (tomografía por emisión de positrones)
   c) Radiocirugía
   d) SPECT (tomografía por emisión de fotón único)
   e) Resonancia magnética funcional
3-. La radiación que emite un acelerador lineal es generalmente en forma de:
   a) Radiación ultravioleta
   b) Protones
   c) Neutrones
   d) Rayos X
   e) Radiación de microondas
4-. El efecto secundario agudo más común de la radiación sobre la mama es:
   a) Pérdida pelo de la cabeza
   b) Eritema en la piel
   c) Vómitos
   d) Disfagia
   e) Todas las anteriores
5-. En un tratamiento conservador del cáncer de mama, después de la tumorectomía, el paciente debe recibir:
   a) Quimioterapia
   b) Radioterapia
   c) Hormonoterapia
   d) Linfadenectomía axilar
   e) Después de tumorectomía, no es necesario ningún tratamiento adicional
6-. La unidad para medir dosis absorbida es:
   a) Sievert
   b) Rad
   c) Gy
   d) Becquerel
   e) b y c son correctas

7-. Carcinogénesis y efectos hereditarios, son:
   a) Efectos determinísticos de la radiación
   b) Efectos estocásticos de la radiación
   c) Deterministas y estocásticos
   d) La radiación no produce efectos secundarios.
   e) Depende de la dosis de radiación

8-. ¿Cuánto conoce a cerca de la especialidad de radioterapia?
   a) Nunca había oído hablar de ella
   b) Apenas conozco algo de forma general
   c) Se sobre radioterapia lo mismo que sobre otra especialidad
   d) Se mucho sobre radioterapia
   e) Se sobre radioterapia más que sobre cualquier otra especialidad

9-. ¿Cómo ve de interesante la asignatura de radioterapia?
   a) No me interesa nada
   b) Me parece aburrida, pero importante
   c) Es innecesaria
   d) Es interesante por derecho propio
   e) Puede ser fascinante

10-. ¿Cuál es su opinión sobre la necesidad de una formación preclínica sobre el cáncer?
   a) Totalmente de acuerdo
   b) Sí, me produce mucho interés
   c) De acuerdo, es interesante y necesaria
   d) Da igual
   e) No es necesaria no creo q haga falta una pérdida de tiempo

12. Evaluación de competencias transversales: exposición y debate a través de un foro educativo en la materia "fundamentos de radiología odontológica y protección radiológica"

Mª José Gutiérrez Palmero[1], Francisco Javier Cabrero Fraile[1], Carmen Patino Alonso[2], Javier Borrajo Sánchez[1].
[1]Departamento de Ciencias Biomédicas y del Diagnóstico. Facultad de Medicina. Universidad de Salamanca.
[2]Departamento de Estadística. Facultad de Medicina. Universidad de Salamanca.
mjgp@usal.es; cabrero@usal.es; carpatino@usal.es; borrajo@usal.es

Resumen

Las universidades españolas velan por la calidad y mejora docente y formativa de los profesores y profesionales que en ellas trabajan. La Universidad de Salamanca, en este sentido, lleva a cabo un "Programa de mejora de la calidad" incluido en un Plan Estratégico General 2013-2018 contemplando el desarrollo de planes de formación e innovación y apoyando proyectos que contribuyan a la implementación y desarrollo de nuevas prácticas docentes. En este sentido un grupo de profesores del Área de Radiología y Medicina Física perteneciente al Departamento de Ciencias Biomédicas y del Diagnóstico y adscrito a la Facultad de Medicina, desarrolla durante el curso académico 2013-2014 una experiencia docente, que es presentada en este trabajo, y que tiene como finalidad, evaluar las competencias transversales de los alumnos, matriculados en la asignatura "Fundamentos de Radiología Odontológica y Protección Radiológica" de primer curso del Grado en Odontología.

Introducción:

El "Programa de mejora de la calidad" incluido en el Plan Estratégico General 2013-2018 de la Universidad de Salamanca contempla el desarrollo de planes de formación e innovación, orientados a mejorar la capacidad y el compromiso de trabajo, apoyando proyectos que contribuyan a la captación de estudiantes, la implantación de metodologías docentes y de evaluación, y la incorporación de recursos para actividades prácticas.

Con el fin de promover iniciativas en estas líneas de trabajo, se convocan ayudas para generar proyectos de mejora en la planificación y desarrollo de las enseñanzas conducentes a títulos oficiales de Grado y Máster, reconocidos mediante la ayuda económica y la valoración de las actividades docentes del profesorado (Vicerrectorado de Docencia. Planes de Formación e Innovación. Programa de Mejora de la Calidad. Plan Estratégico General 2013-2018. Universidad de Salamanca).

Dentro de esa convocatoria, un grupo de profesores del Área de Radiología y Medicina Física perteneciente al Departamento de Ciencias Biomédicas y del Diagnóstico y adscritos a la Facultad de Medicina, hemos desarrollado durante el curso académico 2013-2014 una experiencia docente que tiene como finalidad, evaluar las competencias transversales de los alumnos, matriculados en la asignatura "Fundamentos de Radiología Odontológica y Protección Radiológica" de primer curso del Grado en Odontología.

Presentamos en este trabajo la metodología, procedimiento y desarrollo de este Proyecto de Innovación Docente concedido por el Vicerrectorado de Docencia. Asimismo son presentados resultados estadísticos de una pequeña encuesta realizada a todos los alumnos participantes, intentando demostrar su grado de satisfacción en la práctica realizada y una presentación descriptiva de sus motivaciones e intereses académicos.

OBJETIVOS

Los objetivos que pretendemos en el desarrollo de esta práctica están orientados a favorecer la capacidad de los alumnos con el fin de:

- Mejorar su trabajo en equipo, tanto en el aula como fuera de ella y fomentar su responsabilidad en el campo encomendado.
- Analizar, sintetizar y estructurar la información y bibliografía manejada sobre un determinado tema y redactar correctamente un trabajo.
- Comunicar las conclusiones del trabajo realizado de un modo claro y razonado ante sus compañeros de clase.
- Mejorar la exposición oral como entrenamiento para una futura divulgación de resultados científicos en investigación.
- Participar a través de un foro de debate del intercambio de conocimientos adquiridos.
- Por parte del profesor, la práctica servirá para evaluar las competencias transversales del alumno.

METODOLOGÍA

La Metodología contempla varios niveles de desarrollo o de actuación que podríamos sintetizar del modo siguiente:

En primer lugar, se lleva a cabo la planificación, por parte de los docentes, de los trabajos o temas que deben preparar los alumnos y que serán de contenido académico. Se decide elegir un único tema, *la radiación ionizante*, tema muy importante para los alumnos de Odontología. Este tema se distribuirá en cuanto a su contenido entre los distintos equipos de alumnos. Se establecerán 6 grupos de trabajo o equipos y en cada grupo 5 alumnos siendo uno de ellos alumno portavoz-coordinador. El total de alumnos matriculados es de 30 y cada profesor tutorizará a 2 grupos de trabajo.

Un segundo paso constituye la elaboración propiamente dicha de los temas por parte de cada grupo de alumnos y conlleva la utilización de la documentación pertinente, la redacción de manera correcta, la adaptación a la comunicación oral, etc. Estos trabajos son comentados y corregidos por los tutores antes de ser expuestos, lo que supone ya un medio para que vayan desarrollando su capacidad de autoaprendizaje y detecten sus carencias y dificultades. Asimismo deberán adecuar el trabajo al tiempo de exposición disponible, no más de 20 minutos, por lo que deberán demostrar su capacidad de selección y síntesis. Finalmente, se lleva a cabo la exposición de los trabajos en el aula, donde están presentes todos los alumnos matriculados y los profesores participantes en el proyecto.

Concluida la fase de exposición de trabajos, se abrirá un foro de debate a través de una mesa redonda que moderarán los portavoces-coordinadores de cada grupo. La metodología docente se desprende pues de lo anteriormente expuesto:

- Planificación del trabajo con la coordinación de todos los componentes del grupo.
- Orientación a los alumnos en los trabajos que deben realizar.
- Exposición de los temas de trabajo.
- Debate, a través de un foro donde se comentarán dificultades, dudas, opiniones…etc.
- Evaluación

PROCEDIMIENTO O DESARROLLO DEL PROYECTO

En primer lugar, todos los alumnos son informados sobre el contenido y desarrollo de esta práctica en la primera semana de inicio del curso académico, con el fin de organizar de forma inmediata los grupos de trabajo. Se concretó la fecha de exposición de trabajos y realización de esta práctica para las últimas semanas de curso y antes de iniciar los exámenes finales.

Se realiza la distribución de alumnos por equipo. Se estructura en 6 grupos de 5 alumnos cada uno, siendo uno de ellos portavoz-coordinador (el total de alumnos matriculados en la asignatura es de 30). Entre los alumnos de cada grupo se decide nombrar a un alumno coordinador, como antes comentamos. Asimismo son distribuidos los temas de trabajo para cada grupo siguiendo el Programa de la asignatura que se muestra en el Anexo I y eligiendo un único tema de trabajo, como antes comentamos, *la radiación ionizante*:

Los profesores decidimos realizar un tema monográfico sobre radiación ionizante, de tal modo que seleccionamos del programa de la asignatura los temas que correspondían a esta materia y fueron así distribuidos entre los seis grupos de alumnos. De este modo la exposición de los temas tenía una base común y era la de profundizar en el conocimiento de esta materia. Los equipos quedaron distribuidos del modo siguiente:

Grupo 1:

BLOQUE IV: ONDAS ELECTROMAGNÉTICAS. ESTRUCTURA DE LA MATERIA

TEMA 7. *Ondas electromagnéticas*. Concepto físico de campo. Campo eléctrico y campo magnético. Campo electromagnético. Naturaleza de la radiación electromagnética. Propiedades de las radiaciones electro-magnéticas. Clasificación y espectro de la radiación electromagnética. TUTOR: Prof. Gutiérrez Palmero

Grupo 2:

TEMA 10. *Radiaciones ionizantes*: conceptos previos. Clasificación de las radiaciones ionizantes. *Rayos X*. El descubrimiento de Roentgen. Naturaleza de la radiación X. Producción de rayos X: mecanismos de producción. Factores que influyen sobre el espectro de emisión de rayos X. El tubo de rayos X. Aparatos productores de rayos X. TUTOR: Prof. Gutiérrez Palmero

Grupo 3:

TEMA 11. *Interacción de la radiación con la materia*. Factores que influyen en la absorción de las radiaciones ionizantes. Formas de expresión del espesor del absorbente. Coeficientes de atenuación. Variación de la intensidad en el absorbente: ley general de la atenuación. Capa hemirreductora. Interacción de fotones con la materia: efecto fotoeléctrico, efecto Compton y efecto de materialización o formación de pares. Importancia relativa de cada interacción. Interacción de electrones con la materia. TUTOR: Prof. Borrajo Sánchez

Grupo 4:

TEMA 12. *Magnitudes y unidades radiológicas*. Actividad. Unidades de exposición y unidades de dosis absorbida. Tasa de exposición y tasa de dosis absorbida. Concepto de equivalente de dosis en un punto. Concepto de dosis equivalente. Dosis efectiva. Aspectos generales referidos a todas las magnitudes. Magnitudes de interés en la dosimetría del paciente.

TEMA 13. *Radiaciones ionizantes: detección y dosimetría*. Principios físicos de la detección. Comportamiento del detector frente a las características del haz de radiación. Dosimetría de la radiación. Detectores: cámara de ionización, contadores proporcionales y contadores Geiger- Müller. Dosimetría personal basada en la ionización gaseosa. Dosímetros de termoluminiscencia (TLD). Emulsión fotográfica. Detectores de semiconductor. Instrumentos de detección para dosimetría al paciente. TUTOR: Prof. Borrajo Sánchez

Grupo 5:

TEMA 14. *El átomo (II): El núcleo*. Caracterización del átomo: número atómico y número másico. Tabla de núclidos: isótopos, isobaros e isótonos. Fuerzas nucleares. Masa nuclear y energía de ligadura. Fusión y fisión nuclear. *Estructura microscópica de la materia*. TUTOR: Prof. Cabrero Fraile

Grupo 6:

TEMA 15. *Radiactividad*. Descubrimiento de la radiactividad. Constantes radiactivas. Desintegraciones radiactivas. Radiactividad natural: series radiactivas. Otros radionúclidos naturales. Unidades de medida de la radiactividad. Radiactividad artificial: producción de radionúclidos artificiales. Radionúclidos de vida corta. TUTOR: Prof. Cabrero Fraile

Un segundo paso, el más costoso para los alumnos, constituye la elaboración propiamente dicha del trabajo, por parte de cada grupo que conlleva la utilización de la documentación pertinente, manejo de la bibliografía recomendada, redacción correcta de los contenidos y adaptación a su comunicación oral. Además los contenidos han de ser adecuados al tiempo de duración de cada exposición, no más de 20 minutos, demostrando así la capacidad de selección y síntesis de la información. En todo este tiempo, los alumnos han acudido a distintas tutorías con el fin de buscar orientación del profesor sobre bibliografía concreta, contenido y exposición (adecuación de diapositivas, presentación…).

Tras una reunión previa del profesorado con los coordinadores de grupo para dar unas breves instrucciones (recordar la duración de exposición de los trabajos, orden de exposición, identificación de cada alumno que llevará de forma visible un número determinado para que en la participación en el debate sea fácilmente reconocido por el profesor y evaluado…) se procede a la exposición. Los grupos presentan sus trabajos siguiendo el orden del temario, de este modo los contenidos van teniendo una correlación y esto facilita la comprensión del tema monográfico elegido. La exposición es libre, de tal modo que los alumnos distribuyen su tiempo y su contenido como mejor les parece. Se suceden los seis grupos de trabajo y todos los alumnos escuchan atentamente la exposición y anotan, de formar personal, dudas o comentarios que posteriormente preguntarán en el debate para ser aclarados. Tras la exposición y un breve descanso se procedió al debate.

Se establece el foro de debate. Este es moderado por cada uno de los alumnos coordinadores de cada equipo. Comienzan las preguntas que van dirigidas a estos alumnos moderadores y o bien responden ellos o la pregunta es transferida a un alumno de su grupo que pueda responder con más profundidad. Se comentaron dificultades, dudas, se dieron distintas opiniones…y en momentos determinados el profesor intervenía para hacer una aclaración final. La duración del debate fue de aproximadamente dos horas.

Los criterios de evaluación habían sido explicados con claridad a los alumnos. Nuestro objetivo consistía en desarrollar una serie de competencias transversales y, al mismo tiempo, que sirviesen como dato de evaluación de las mismas.

Entre los criterios de evaluación contemplamos:

- **Exposición**. Presentación. Síntesis y contenido. En un máximo de 1 punto, este apartado contará como 0,5 de puntuación máxima y se aplicará por igual a todos los alumnos de ese grupo.
- **Defensa y participación en el foro de debate**. En un máximo de 1 punto, este apartado contará como 0,5 de puntuación máxima y se aplicará individualmente a cada alumno. La nota final será la suma de las dos anteriores.

El profesor durante el debate ha estado pendiente de todos y cada uno de los alumnos participantes. En cada intervención del alumno, perfectamente identificado, el profesor anotaba una calificación determinada, utilizando también símbolos ± fundamentalmente. La valoración final de estas calificaciones nos confiere la nota final del alumno.

RESULTADOS Y CONCLUSIONES

En general los resultados obtenidos han sido satisfactorios. En cuanto a la docencia hemos percibido que la práctica ha contribuido a desarrollar en los alumnos, no sólo aquellas capacidades que potencian el autoaprendizaje y la adquisición de conocimientos, sino también aquellas habilidades básicas que puedan servirles para enfrentarse a un futuro profesional. Al mismo tiempo ha servido al profesor como un medio de evaluación diferente y preciso. Las competencias a desarrollar: *Ser capaces de transmitir y explicar oralmente el aprendizaje y conocimientos adquiridos. Potenciar el trabajo en equipo y su responsabilidad en las tareas encomendadas dentro del mismo. Mostrar interés por trabajar en equipo y conocer nuevos recursos que ayuden en su proceso de enseñanza-aprendizaje y participar en un foro de debate sobre un tema previamente estudiado* han servido para profundizar en el conocimiento de ese tema y para motivar al alumnado en la ampliación y desarrollo de sus conocimientos.

En cuanto a la muestra de estudiantes, y dado que son alumnos de primer curso del Grado en Odontología, recogimos datos en una pequeña encuesta, cuyos resultados presentamos a continuación y en los que intentamos conocer la situación académica de cada alumno y las motivaciones que les ha conducido a elegir esta titulación:

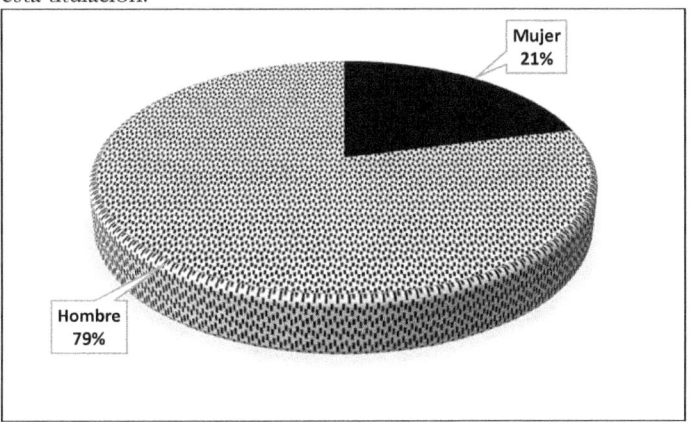

Figura 1. Distribución por género de la muestra

- La edad media de los alumnos es de 19±2,16 años.
- El 82,8% de los alumnos están matriculados solamente en primero y un 13,8% cursa asignaturas de segundo.
- Los alumnos accedieron al grado con una nota media de 11,16±1,15, no dándose diferencias estadísticamente significativas por género ($p>0.05$).
- El 55,2% la marcaron como primera opción al elegir el Grado universitario para acceder a la Universidad y un 44,8 como segunda opción. De los que marcaron la segunda opción a 4 alumnos les hubiera gustado estudiar Medicina pero no les alcanzó la nota.
- El 34,5% de los alumnos encuestados cursaron en 2º de Bachillerato la asignatura de Física, siendo la nota media de estos de 8,8±1,14.

- El 65,5% de los alumnos acuden a clase todos los días (>95%), un 31% asiste de 12-14 días (70%-95%) y tan sólo un 3,4% va de 8 a 11 días a clase (45%-70%).
- El 51,7% están satisfechos con el trabajo realizado en equipo.
- El 79,3% están de acuerdo en que esta experiencia les ha ayudado a comprender mejor conceptos importantes de la asignatura, recomendando un 48,3% esta experiencia en otras materias del plan de estudios y el 65,5% considera positiva o muy positiva la experiencia de aprendizaje en la asignatura a partir de este trabajo realizado en equipo, no dándose diferencias estadísticamente significativas por género (p>0.05).

Figura 2. Motivos por los que deciden estudiar Odontología

ANEXO I. TEMAS SELECCIONADOS DEL TEMARIO DE LA ASIGNATURA

ONDAS ELECTROMAGNÉTICAS. ESTRUCTURA DE LA MATERIA

- TEMA 7. *Ondas electromagnéticas.* Concepto físico de campo. Campo eléctrico y campo magnético. Campo electromagnético. Naturaleza de la radiación electromagnética. Propiedades de las radiaciones electro-magnéticas. Clasificación y espectro de la radiación electromagnética.

FÍSICA DE RADIACIONES: RADIACIONES IONIZANTES

- TEMA 10. *Radiaciones ionizantes*: conceptos previos. Clasificación de las radiaciones ionizantes. *Rayos X.* El descubrimiento de Roentgen. Naturaleza de la radiación X. Producción de rayos X: mecanismos de producción. Factores que influyen sobre el espectro de emisión de rayos X. El tubo de rayos X. Aparatos productores de rayos X.
- TEMA 11. *Interacción de la radiación con la materia.* Factores que influyen en la absorción de las radiaciones ionizantes. Formas de expresión del espesor del absorbente. Coeficientes de atenuación. Variación de la intensidad en el absorbente: ley general de la atenuación. Capa hemirreductora. Interacción de fotones con la materia: efecto fotoeléctrico, efecto Compton y efecto de materialización o formación de pares. Importancia relativa de cada interacción. Interacción de electrones con la materia.
- TEMA 12. *Magnitudes y unidades radiológicas.* Actividad. Unidades de exposición y unidades de dosis absorbida. Tasa de exposición y tasa de dosis absorbida. Concepto de equivalente de dosis en un punto. Concepto de dosis equivalente. Dosis efectiva. Aspectos generales referidos a todas las magnitudes. Magnitudes de interés en la dosimetría del paciente.
- TEMA 13. *Radiaciones ionizantes: detección y dosimetría.* Principios físicos de la detección. Comportamiento del detector frente a las características del haz de radiación. Dosimetría de la radiación. Detectores: cámara de ionización, contadores proporcionales y contadores Geiger- Müller. Dosimetría personal basada en la ionización gaseosa. Dosímetros de termoluminiscencia (TLD). Emulsión fotográfica. Detectores de semiconductor. Instrumentos de detección para dosimetría al paciente.
- TEMA 14. *El átomo (II): El núcleo.* Caracterización del átomo: número atómico y número másico. Tabla de núclidos: isótopos, isobaros e isótonos. Fuerzas nucleares. Masa nuclear y energía de ligadura. Fusión y fisión nuclear. *Estructura microscópica de la materia.*

- TEMA 15. *Radiactividad*. Descubrimiento de la radiactividad. Constantes radiactivas. Desintegraciones radiactivas. Radiactividad natural: series radiactivas. Otros radionúclidos naturales. Unidades de medida de la radiactividad. Radiactividad artificial: producción de radionúclidos artificiales. Radionúclidos de vida corta.

13. Valoración de las competencias de Radiología y Medicina Física por profesores ajenos al área

L Fernando Otón Sánchez; Fidel Rodríguez Hernández; Claudio A Otón Sánchez
Departamento de Medicina Física y Farmacología.
Facultad de Medicina. Universidad de la Laguna.
lfoton@ull.es

Resumen

La Facultad de Medicina de la Universidad de la Laguna encargó a su Comisión de Educación Médica la elaboración del mapa de competencias, resultando un documento pormenorizado por módulos de 2537 competencias. Este documento se pasó como encuesta a los profesores, para puntuar cada competencia entre 0 y 1 según su relevancia estimada. Contestaron a la encuesta 49 profesores de todas las áreas.

De las competencias de Radiología y Medicina Física, menos de la mitad superan una valoración de 0,5. Para Radiodiagnóstico, la más elevada la obtienen las de saber hacer, sobre las de saber. En Oncología y Radioterapia se valoran especialmente prevención, estadificación y pronóstico del cáncer. Ninguna de las de Rehabilitación o Física Médica alcanza una valoración de 0,5.

El análisis de la importancia relativa que otros profesores conceden a las competencias del área es una invitación a la reflexión y puede ofrecer nuevas perspectivas desde las que contrastar nuestros programas.

Introducción

El Espacio Europeo de Educación Superior insiste en plantear la formación universitaria centrada en el discente, consagrando como esencial la opinión del estudiante en cuanto a lo que debe aprender, por encima de la del docente en cuanto a qué debe enseñar o qué debe exigir que el alumno aprenda. Es poco habitual por otra parte recurrir a opiniones ajenas a este binomio, a pesar de que la perspectiva generada desde otros ámbitos como egresados, agentes sociales o empleadores podrían enriquecer de notablemente los programas universitarios.

Entre las medidas preparatorias para la elaboración del último plan de estudios de Graduado/a en Medicina, la Facultad de Medicina de la Universidad de la Laguna encargó a su Comisión de Educación Médica la elaboración del mapa de competencias. A su vez, este mapa sirvió como documento base para encuestar a los profesores de todas las áreas en cuanto a la relevancia que conceden a cada una de las competencias. La intención general de este proceso era recabar opinión desde la perspectiva de profesionales de la medicina dedicados a la docencia y, en la mayoría de los casos, también a la asistencia, en especialidades y ámbitos ajenos a la competencia que se está evaluando. Los profesores del área de Radiología y Medicina Física venimos teniendo en consideración estas valoraciones relativas a la hora de elaborar los programas formativos y nos ha parecido de interés compartir un análisis de estos resultados.

El listado de competencias

La responsabilidad en la elaboración de este listado recayó en la Comisión de Educación Médica. Bajo su coordinación, se solicitó la colaboración de hasta 62 profesionales de dentro y de fuera de la Universidad, a través de organismos como el Colegio Oficial de Médicos de la provincia o la Academia de Medicina. La base para este listado la constituyeron tres documentos:

- La **Orden ECI/332/2008**, de 13 de febrero, por la que se establecen los requisitos para la verificación de los títulos universitarios oficiales que habiliten para el ejercicio de la profesión de Médico. Publicada en BOE el 15 de ese mismo mes.[1]
- **El Libro Blanco sobre el Título de Grado en Medicina**. Elevado desde la Conferencia de Decanos de Medicina a la Agencia Nacional de Evaluación de la Calidad y la Evaluación (ANECA) a propuesta de ésta.[2]
- **El libro de Competencias para el Grado de Medicina**, editado por la Cátedra de Educación Médica Fundación Lilly-Universidad Complutense de Madrid.[3]

La conclusión fue un documento de 2.537 competencias, pormenorizado por módulos y materias. Dentro de cada materia, a su vez, las competencias se separaban en las de saber y saber hacer.

La encuesta

En una segunda fase, este documento de competencias se quiso pasar como encuesta a los profesores de la Facultad, con las intenciones declaradas de:

- Definir competencias básicas
- Valorar su importancia relativa
- Difundir y promover la discusión

La encuesta se efectuó a principios de 2009. Bajo la consideración general de ¿qué tiene que saber o saber hacer un médico durante su formación de Grado, antes de iniciar los estudios de especialidad? se puntuó cada competencia entre 0 y 1. Contestaron a la encuesta 49 profesores de todas las áreas.

Cada una de las 2537 competencias obtuvo un resultado final de entre 0 y 1 con tres cifras decimales, como media de la valoración otorgada por los 49 encuestados.[4]

El listado resultante sirvió en su momento para la elaboración del Plan de Estudios y, con posterioridad, sigue siendo utilizado por los profesores para el diseño de asignaturas y para el desarrollo de la guía docente.

RESULTADOS

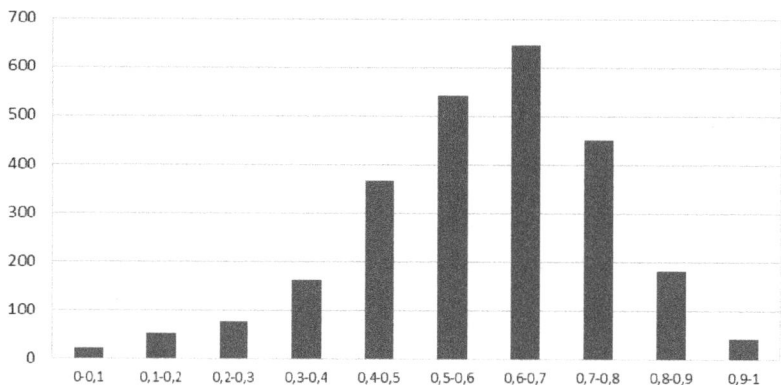

Figura 1. Valoración de las 2537 competencias para los estudios de medicina

Resultados globales

En la Figura 1 se muestra este resultado después de multiplicar las valoraciones por 10 y agruparlas en intervalos de uno. Media y mediana se sitúan alrededor de 0,6. La moda se encuentra entre 0,6 y 0,7. Son 1861 las competencias que superan el 0,5; mientras que las restantes 676 no alcanzan esta cifra.

Tabla I. Resultado de las competencias con valoración > 0,91

Toma de temperatura	0,971
Toma de tensión arterial	0,971
Conocer (...) las bases de las anemias ferropénicas para remitir al hematólogo	0,964
Saludar y despedirse... Interrogar (...) para hacer la historia clínica; invitar a describir los síntomas	0,939
Saber realizar una inspección, palpación, percusión y auscultación pulmonar y saber su significado patológico	0,936
Tira básica de orina	0,919
Hacer y valorar la puño-percusión renal	0,919
Percutir el abdomen correctamente	0,919
Interpretación de analíticas básicas	0,917
Inmovilización de un miembro contusionado	0,914
Reconocer cianosis	0,910

Las 11 competencias que superaban 0.91 de media de valoración son las descritas en la Tabla I.

Tabla II. Competencias peor valoradas

Electroshock	0,071
Capilaroscopia	0,068
Laparoscopia	0,066
Laparotomía	0,066
Haber visto realizar estudios neurovasculares (doppler y ecografía)	0,066
Colangiopancreatografía retrógada endoscópica	0,053

Puede comprobarse que predominan habilidades instrumentales relacionadas con la medicina clínica básica, con alguna excepción. Como contrapunto, las seis competencias peor valoradas son las relacionadas en la Tabla II. Son todas competencias de diagnóstico por imagen y también quirúrgicas.

Resultados de Radiología y Medicina Física

Del listado de 2.537 competencias fueron extraídas 234 relacionadas con el área de Radiología y Medicina Física, aunque muchas de ellas habían sido situadas en otras materias. En la figura 2 se representa la agrupación de resultados de estas 234 competencias. Con una media de 0.47, solo 96 superan el 0,5 de valoración. Ocho competencias no alcanzan el 0.2 de valoración

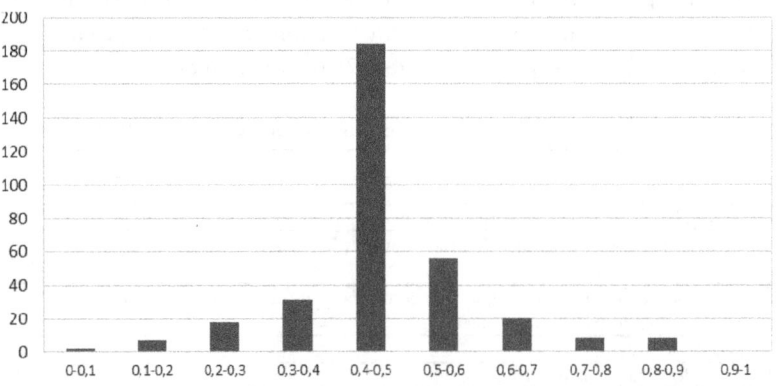

Figura 2. Valoración de las 234 competencias relacionadas con Radiología y Medicina Física

Tabla III.

Ecografía del tórax	0,192
Uretrografía retrógrada y CUMS	0,145
Ecografía obstétrica y ginecológica. TC pélvico e histerosalpingografía	0,145
Densitometría ósea	0,135
Radiología. Tomografía axial computadorizada y resonancia magnética de grandes articulaciones, columna y partes blandas	0,135
Densitometría. Morfometría vertebral. Exámenes del metabolismo óseo. Marcadores de metabolismo óseo	0,132
Ecografía de partes blandas en la patología del hombro, codo, mano, cadera, rodilla, tobillo y pie	0,132
Haber visto realizar estudios neurovasculares (doppler y ecografía)	0,066
Colangiopancreatografía retrógada endoscópica	0,053

Determinadas competencias figuran con contenido similar en dos o más materias. Por ejemplo, densitometría puede estar en Radiología y en Reumatología, por lo que hasta cierto punto se encuentran repetidas.

Parece ser que los encuestados quisieron primar la transversalidad de las competencias, de modo que aquéllas que, de manera más o menos acertada, pueden considerarse muy específicas de especialidad resultan poco valoradas. Por especialidades, el panorama es similar:

Tabla IV. Competencias de Radiodiagnóstico que superan 0.7

Identificar las anomalías básicas en la radiografía simple de tórax	0,851
Reconocer las anomalías de la patología cardíaca en la radiología simple de tórax	0,816
Saber identificar las estructuras anatómicas macroscópicas fundamentales en todos los métodos de imagen	0,810
Identificar la existencia de anomalías en la radiología simple y en la TC de tórax	0,808
Describir los signos patológicos de una radiología simple de abdomen, de tórax, pelvis, tobillo, muñeca y cervical	0,806
Reconocer radiográficamente las fracturas y luxaciones más frecuentes en Urgencias	0,806
Reconocer la disposición y orientación en superficie de los lóbulos y segmentos pulmonares	0,737
Interpretar la semiología básica en la radiología simple del aparato locomotor	0,730

En este caso la opinión de los entrevistados sí coincide bastante con las tendencias de los profesores del área a la hora de priorizar los contenidos; la radiología torácica y traumatológica básicas ocupan las primeras posiciones.

Tabla V. Competencias de Oncología y Radioterapia más valoradas

Historia clínica orientada a la patología oncológica	0,789
Cáncer de mama: generalidades, diagnóstico precoz, generalidades de tratamiento	0,724
Reconocer mediante la exploración física los principales tumores y sus complicaciones, orientada a su historia natural	0,724
Factores de riesgo que predisponen al desarrollo de enfermedades tumorales más frecuentes	0,716
Cáncer de próstata	0,684
Cáncer de pulmón	0,679
Enfermedad tumoral: clínica y estadiaje	0,676

De nuevo los contenidos más generalistas (prevención, estadiaje, factores de riesgo) predominan sobre los más específicos de tratamiento.

Tabla VI. Competencias de Medicina Nuclear más valoradas:

Saber interpretar la terminología de los informes emitidos en base a exploraciones de imagen	0,681
Aplicar los fundamentos de los métodos diagnósticos de imagen (...) a la patología humana	0,676
Conocer la importancia de una correcta transmisión de la información clínica para la elección de la técnica de diagnóstico por la imagen y su protocolización	0,667
Conocer los medios diagnósticos para su correcta clasificación y extensión	0,657
Conocer la indicación y rendimiento en patología gineco-obstétrica y mamaria de las diferentes técnicas: Radiología simple, TC, MN, RM, PET, US y procedimientos intervencionistas	0,588
Reconocer los hallazgos en imagen de las patologías más frecuentes	0,588
Enumerar las contraindicaciones de las exploraciones de Imagen más habituales	0,556
Identificar la apariencia de normalidad y enfermedad en las diferentes técnicas de imagen morfológicas y funcionales	0,542
Saber identificar, nombrar y orientar correctamente las imágenes correspondientes a las diferentes técnicas de medicina nuclear	0,472

Puede comprobarse que todas las que superan 0,5 son competencias de Medicina Nuclear en cuanto a técnicas de diagnóstico por imagen. La primera específica de esta especialidad obtiene 0,47.

Tabla VII. Competencias de Radiobiología más valoradas:

Actuar con criterio ante una situación de riesgo de irradiación y/o contaminación radioactiva	0,542
Reconocer los síntomas que pueden presentar los pacientes sometidos a radioterapia,(...) medidas terapéuticas pertinentes	0,528
Evaluar los riesgos para el paciente consecutivos al empleo médico reiterado de radiaciones ionizantes	0,514
Resumir la acción de las radiaciones ionizantes sobre el embrión y el feto y sus consecuencias prácticas	0,5
Describir la acción de las radiaciones ionizantes sobre los tejidos (...) radiolesión y reparación tisular	0,486
Distinguir entre radiosensibilidad y radiocurabilidad tumoral	0,486
La interacción de los agentes físicos con el material biológico y los efectos que producen, tanto beneficiosos como nocivos	0,474
Describir la acción de las radiaciones ionizantes sobre la célula (...) radiolesión y reparación celular	0,472

Apenas cuatro competencias superan el 0,5 y todas ellas, de nuevo, primando el contenido práctico sobre el fundamento básico.

Tabla VIII. Competencias de Física Médica más valoradas

Distinguir claramente entre la irradiación natural, la irradiación externa y la contaminación	0,472
Explicar los Fundamentos de aplicación de las radiaciones ionizantes en el tratamiento médico	0,431
Exponer y aplicar las normas fundamentales de la protección radiológica	0,431
Conceptos, leyes, razonamientos y métodos de la Física que sirvan de base (...) los estudios y la práctica de la Medicina	0,423
La validez y crítica de las leyes físicas en (...) funciones de los aparatos y sistemas (...) tanto en salud como en enfermedad	0,423
Definir las unidades relacionadas con la exposición a la radiación	0,417
Interpretar la señalización de zonas	0,403
Valorar con criterio ponderado las ventajas y riesgos derivados del empleo médico de las radiaciones ionizantes	0,403

A ninguna competencia encuadrada en la Física Médica se le concede una valoración superior a 0,5; salvo que se quiera incluir como parte de esta materia las de radioprotección atribuidas anteriormente a Radiobiología. Una interpretación muy teórica de estas competencias puede haber influido negativamente en la valoración. También la propia redacción de las integradas en esta materia, con descripciones largas y a veces confusas.

Tabla IX. Competencias de Rehabilitación más valoradas

Interacción del mundo laboral en la salud: valoración de la incapacidad laboral transitoria	0,459
Conocer (...) la accesibilidad ambiental para personas con discapacidad física	0,431
Conocer y comprender las bases y fundamentos de la Medicina Física y Rehabilitación en el uso terapéutico de los agentes físicos no ionizantes	0,431
Prescripción de indicaciones de técnicas de Medicina Física y Rehabilitación (...) en Atención Primaria	0,431
Asesorar (...) a los pacientes (...) en los siguientes procesos: dolor vertebral de origen mecánico, hombro doloroso de diversas etiologías, enfermedad pulmonar obstructiva crónica y síndrome de inmovilización prolongada	0,429
Conocer y comprender los métodos de valoración de la discapacidad y del daño corporal	0,426
Conocer y comprender como se diagnostican los trastornos de la posición, movilidad, sensibilidad y dolor, marcha y equilibrio de diferentes etiologías y orientar su manejo desde la atención primaria	0,417
Conocer cómo asesorar en la generalidad a los pacientes, familiares y cuidadores en los siguientes procesos desde los conocimientos que aporta la Medicina Física y Rehabilitación: enfermedad pulmonar obstructiva crónica y síndrome de inmovilización prolongada	0,403
Reconocer, diagnosticar y orientar el manejo de la Diversidad Funcional en pacientes con Discapacidad y/o Dependencia	0,4
Utilizar escalas de valoración funcional básicas (...) eviten la discapacidad secundaria	0,4

Como puede verse, ninguna de las relacionadas directamente con la Rehabilitación y Medicina Física alcanza el 0,5 de valoración, a pesar de que muchas de estas competencias pueden interpretarse como de clínica generalista. Da la impresión aquí también de que la redacción de competencias de manera larga y prolija incide negativamente en la valoración. Por otra parte, competencias asignadas a otras materias como Neurología, pero que bien podrían atribuirse a Rehabilitación, sí obtienen valoraciones muy altas; tal es el caso de Realizar una exploración básica de la fuerza y el tono muscular que obtiene un destacado 0,868.

Discusión

El listado de competencias aquí presentado y la valoración relativa otorgada deben tomarse meramente como un instrumento. Ni por su intención primaria ni por el método de realización debería nunca interpretarse como una guía para dictar los programas de las asignaturas; pero sería bueno que el profesor encargado de esta labor consultara estos datos como estímulo a la reflexión.

La propia encuesta no carece de debilidades evidentes en cuanto a:
1. Selección de competencias. La inclusión de unas u otras preguntas en cualquier encuesta condiciona las conclusiones. Además, la agrupación de

las competencias por materias debe haber influido en las valoraciones de los encuestados.
2. Redacción de las competencias. Como se ha venido explicando, cuando se observa con atención el listado, resulta evidente que las competencias redactadas de manera más prolija y con mayor extensión son sistemáticamente castigadas con peores valoraciones.
3. Representatividad de los encuestados. No contamos con garantías de representatividad de los 49 encuestados. Se sabe que participaron profesores de todas las áreas de conocimiento, pero no existía ningún control en cuanto a que su distribución fuera homogénea.

Teniendo en cuenta las anteriores premisas, no es raro detectar incongruencias como que dos competencias prácticamente idénticas obtengan diferente valoración, probablemente por situarse en una u otra materia. No puede entenderse de otra manera que Cáncer de mama: Historia natural, estadificación y estrategia terapéutica obtenga un 0,541 en la materia Oncología y Cáncer de mama: generalidades, diagnóstico precoz, generalidades de tratamiento un 0,724 en la materia Ginecología. Igual de extraño resulta que Complicaciones agudas tumorales: Síndrome de vena cava superior. Síndrome de compresión medular. Síndrome de hipertensión endocraneal Hipercalcemia obtenga un 0,597 en Oncología y Orientar el manejo de las urgencias oncológicas un 0,471 en Radiología.

Asumidas críticas y limitaciones, el documento no deja de albergar información relevante para el profesor que quiera acercarse a él con mentalidad abierta y humildad.

CONCLUSIONES

1. Las competencias del área de Radiología y Medicina Física obtienen de media valoraciones algo inferiores al global de las materias
2. Competencias clásicas en diagnóstico por imagen, muy consideradas por los profesores del área, son también las más valoradas en esta encuesta
3. En materias clínicas, como Oncología, se valoran más las competencias generales que las específicas
4. Las competencias de las materias básicas obtienen valoraciones medias bajas, primando los aspectos prácticos sobre los fundamentales

BIBLIOGRAFÍA

1. http://www.boe.es/boe/dias/2008/02/15/pdfs/A08351-08355.pdf
2. http://www.aneca.es/var/media/150312/libroblanco_medicina_def.pdf

3. http://www.fundacionlilly.com/es/actividades/biblioteca/listado-de-libros/competencias-para-el-grado-de-medicina-de-la-universidad-complutense-de-madrid.aspx
4. http://www.ull.es/download/centros/medicina/Documentacion_de_la_verificacion/2379516/ANEXO_1_Definicion_y_valoracion_de_competencias_para_los_estudios_de_medicina.pdf

14. Tesis doctorales en Oncología Radioterápica

Albert Biete[1], Meritxell Arenas[2].
[1]Catedrático de Radiología y Medicina Física. Universidad de Barcelona
[2]Profesora Asociada. Universidad Rovira i Virgili. Hospital de Reus

INTRODUCCIÓN

La realización de tesis doctorales representa un esfuerzo considerable en el sentido de formulación de una hipótesis de trabajo, definición de objetivos principales y secundarios, establecimiento de un material y método de investigación, obtención de resultados, contrastación de los mismos con los de otros autores y formulación de conclusiones. La obtención del máximo nivel académico, aparte del logro personal y profesional indiscutible, repercute también en el colectivo de la especialidad médica correspondiente. Efectivamente, es un índice de medida del interés y el grado de esfuerzo científico de los especialistas que la integran, así como de su capacidad investigadora, tanto en temas de ciencia básica como clínica. Nos ha parecido de interés la obtención de datos, hasta ahora no recopilados, en una de las especialidades que se integran en el área de conocimiento de la Radiología y Medicina Física, la Oncología Radioterápica.

MATERIAL Y MÉTODO

Se ha obtenido el listado de tesis doctorales sobre materias relacionadas con los contenidos de la Oncología Radioterápica mediante varios procedimientos: encuesta directa a los miembros de la SEOR (Sociedad Española de Oncología Radioterápica), consulta al registro de tesis doctorales del Ministerio de Educación (TESEO) y llamadas personales efectuadas por los autores. Posteriormente se ha procedido a la clasificación de las mismas según diferentes criterios, registro cronológico, directores, universidad y año en que se ha defendido, producción a lo largo del tiempo, etc.

RESULTADOS

El total de tesis obtenidas ha sido de 204. De ellas se han dedicado a localizaciones anatómicas concretas (Cáncer de pulmón, próstata, etc.) 139 (68%), lo que refleja el interés de la investigación clínica en la especialidad. El resto se ha ocupado de técnicas terapéuticas o diagnósticas.

En la fig. 1 se muestra la producción a lo largo de los quinquenios a partir de 1971. Lógicamente el porcentaje de pérdida será mayor en estos años iniciales, siendo la fiabilidad mayor a partir de 1990. La producción se ha mantenido bastante estable, oscilando alrededor de una 32 tesis defendidas por quinquenio, o sea un poco más de 6 por año.

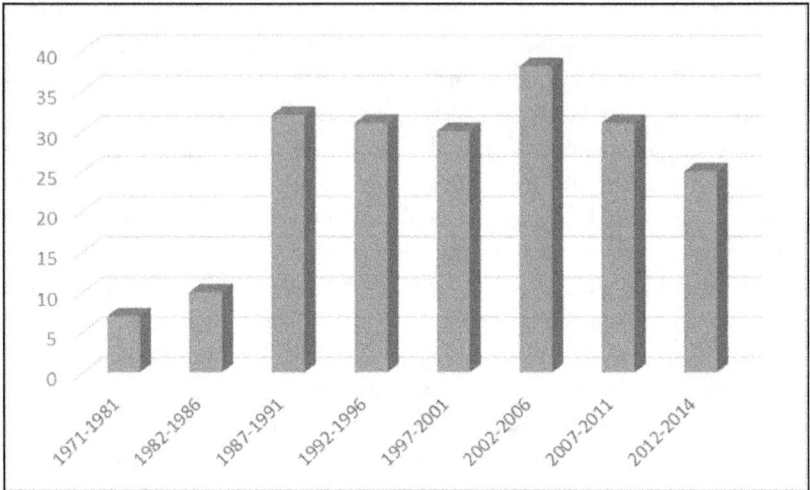

Figura 1. Evolución cronológica de las tesis en Oncología Radioterápica

La figura 2 recoge la distribución por universidades, siendo líderes la Universidad Autónoma de Barcelona, la Universidad Autónoma de Madrid, la Universidad Complutense de Madrid y la Universidad de Barcelona. Destacan también las de Valencia, Navarra, La Laguna y Zaragoza.

En la figura 3 se recoge la distribución por localizaciones anatómicas. La más frecuente ha sido mama, seguida por digestivo, pulmón, urología y localizaciones ginecológicas.

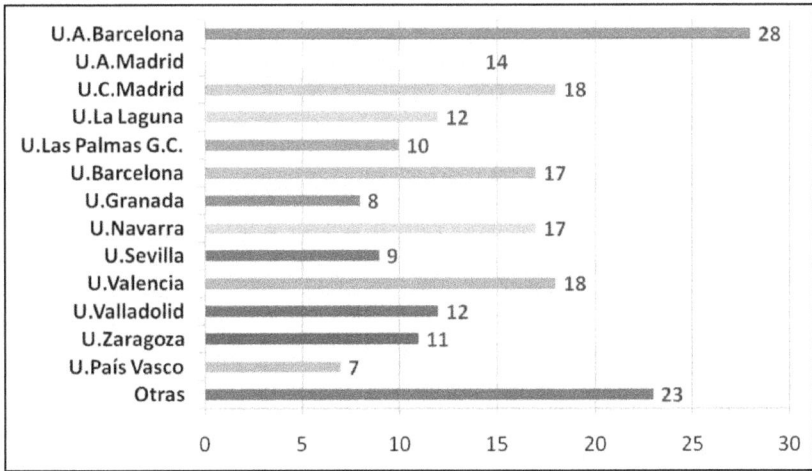

Figura 2. Procedencia de las tesis por Universidades

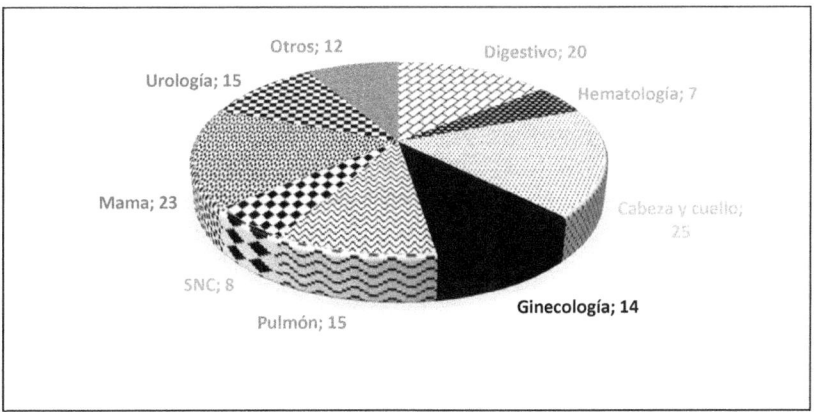

Figura 3. Distribución por localizaciones anatómicas

La figura 4 contempla la distribución por las principales técnicas empleadas en Oncología Radioterápica o relacionadas con ella. La braquiterapia seguida de la radioquimioterapia centran los temas mayoritarios. Le siguen la radioterapia intraoperatoria (IORT) y el hiperfraccionamiento.

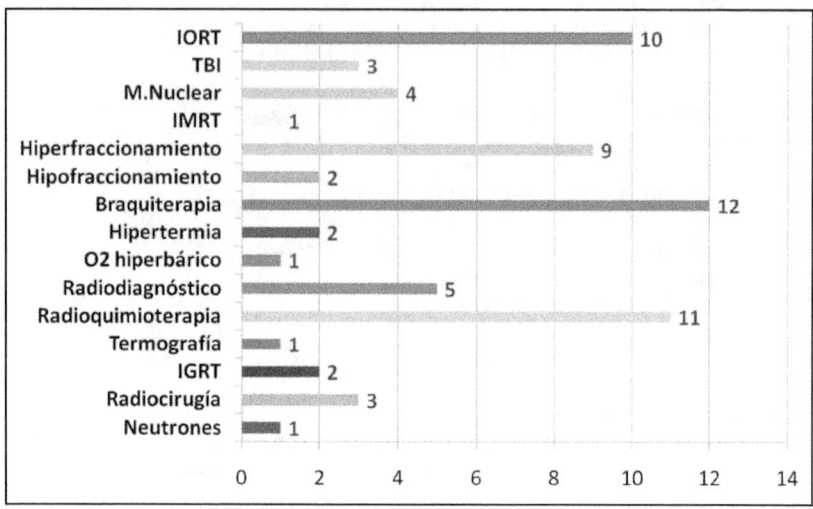

Figura 4. Principales técnicas motivo de las tesis estudiadas

Finalmente en la figura 5 se detallan los temas no relacionados ni con localizaciones anatómicas ni con técnicas concretas. La investigación radiobiológica, con 38 tesis, ocupa un lugar muy destacado, seguido a bastante distancia por la investigación en dosimetría clínica, efectos secundarios de la radioterapia, gestión clínica y marcadores tumorales.

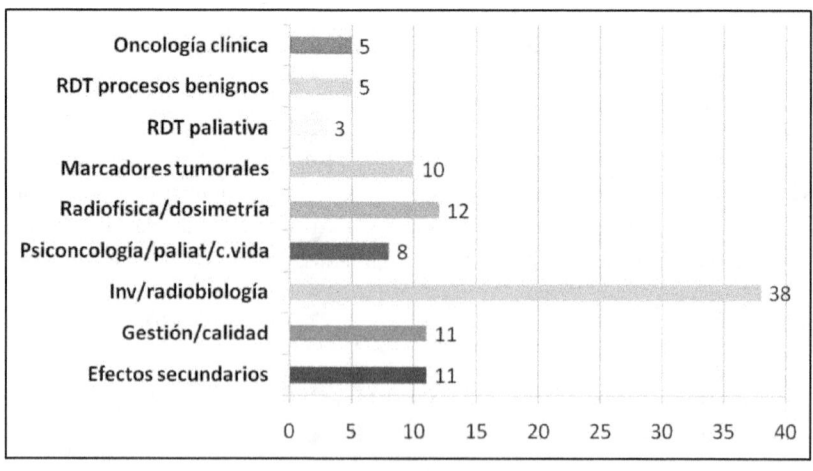

Figura 5. Temas de las tesis no relacionadas con localizaciones anatómicas ni técnicas

CONCLUSIONES

La Oncología Radioterápica es una especialidad integrada en el plano docente en el área de conocimiento de la Radiología y M. Física. Puede caracterizarse como nosológica (trata fundamentalmente enfermedades oncológicas) y tecnológica (utiliza las radiaciones ionizantes como terapéutica). La producción ha sido alta si se relaciona con el total de especialistas y diversa, ya que comprende investigación clínica en numerosas localizaciones y básica (radiobiología, dosimetría, etc.). Destaquemos finalmente el papel destacado en la producción de universidades de ciudades medianas pero que han contado con cátedras y departamentos hospitalarios potentes que han estimulado la realización de tesis doctorales.

15. La apertura del proceso de Bolonia para diplomados en las Ciencias de la Salud

Thais Pousada García[1,2], Betabia Groba González[1,2], Laura Nieto Riveiro[1,2], Javier Pereira Loureiro[1,3]
[1]Centro de Informática Médica y Diagnóstico Radiológico. Facultad de Ciencias de la Salud. Universidade da Coruña.
[2]Departamento de Ciencias de la Salud.
[3]Departamento de Medicina
tpousa@udc.es; bgroba@udc.es; lnieto@udc.es; javier.pereira@udc.es

Resumen

La actual normativa de los estudios universitarios españolas motivada por el denominado proceso de Bolonia estructura los estudios universitario en grado y master. Esto ha permitido que todos los titulados universitarios puedan acceder a los estudios de doctorado ya que se homogenizan todas las titulación (con muy pocas excepciones). Esta nueva organización ha permitido que las antiguas titulaciones de diplomatura del ámbito de las ciencias de la salud ahora se conviertan en grados. Estos egresados pueden cursar un master y acceder a los estudios de doctorado y obtener el grado de doctor. Es por ello que ya es posible encontrar a doctores de enfermería, fisioterapia, terapia ocupacional o logopedia que forman parte de los equipos de investigación y de publicaciones de impacto, abriendo nuevas posibilidades al avance científico en estas disciplinar o enriquecer equipos ya consolidados dotándolos de un carácter más interdisciplinar

Introducción

La composición de las estructuras docentes de las áreas de conocimiento del ámbito médico ha ido cambiando con el paso del tiempo. Con la aprobación de nueva legislación y restructuración de la docencia universitaria han tenido como consecuencia alcanzar un perfil ciertamente heterogéneo.

Los inicios del área de conocimiento de Radiología y Medicina Física han estado vinculados, lógicamente, a especialidades médicas como Radiodiagnóstico, Oncología Radioterápica, Medicina Nuclear, Medicina Física, Rehabilitación, Hidrología Médica y Física Médica. Por ello, la conceptualización de la docencia impartida por los profesionales que pertenecen a esta área, ha tenido siempre una clara orientación hacia acciones de diagnóstico, tratamiento y rehabilitación, con un importante componente tecnológico. Sin embargo, y a pesar de su orientación eminentemente médica, la docencia de los profesores universitarios ha ampliado su cobertura hacia diferentes titulaciones del ámbito de ciencias de la salud, y no sólo en el de la Medicina y Cirugía.

Por ello, además de la importante y necesaria contribución de los licenciados en Medicina y especialistas de las disciplinas anteriormente comentadas, el avance y desarrollo de nuevas técnicas en los procesos de diagnóstico y tratamiento, así como la ampliación de las responsabilidades docente, ha contribuido a aumentar la multidisciplinariedad de esta área.

Así, y según las titulaciones impartidas en cada universidad, se ha asistido en los últimos años a la incorporación de otros perfiles profesionales, diferentes de la medicina, al área de radiología y medicina física, entre los que se encuentran: ingenieros en informática, logopedas, terapeutas ocupacionales o fisioterapeutas.

Esto ha contribuido a un enriquecimiento de la situación en todos los sentidos: diversificación en la impartición de docencia por parte de los profesores del área, incorporación de nuevos profesionales, fomento de líneas mixtas de investigación, creación de grupos multidisciplinares, contribución hacia la generalización del conocimiento.

Sin embargo, la mayor parte de estas disciplinas presentaban un nivel de diplomatura universitaria, cuya estructura impedía a los profesionales titulados acceder de forma directa a los estudios de doctorado y, con ello, liderar líneas y proyectos de investigación.

De hecho, la legislación lo contemplaba de la siguiente forma: "Para la obtención del título de doctor será necesario estar en posesión de título de licenciado, arquitecto, ingeniero o equivalente u homologado a ellos". (Real Decreto 778/1998) Además, los estudiantes de doctorado debían realizar y aprobar los cursos, seminarios y trabajos de investigación tutelados del programa correspondiente.

Esta pequeña, pero importante condición para el acceso, obligaba a los antiguos diplomados a continuar sus estudios en una titulación de segundo ciclo o realizar otra formación universitaria de licenciatura. Dicha situación podía ocasionar, quizá, una separación de las líneas de investigación de interés para su disciplina inicial.

Por ello, la gran mayoría de los diplomados que se decidían por la dedicación docente e investigadora, comenzaban esta carrera con la figura de profesor asociado (tiempo parcial y vinculado a su trabajo en la asistencia clínica), promocionando, en muchos casos, a profesores colaboradores (tiempo completo). Así, la progresión a figuras docentes de mayor nivel, así como el desarrollo de proyectos como investigador principal, estaba condicionado a que estos docentes accediesen a los estudios de doctorado y adquirieran el rango de Doctor.

Esta situación también derivaba en consecuencias para el área de Radiología y Medicina Física, ya que a pesar de que iba incrementándose el número de docentes y diversificando sus disciplinas, el número de doctores no iba aumentado al mismo ritmo. Quizá de esta forma, y teniendo en cuenta criterios de calidad relacionados con el número de docentes con título de doctor, el área podría verse amedrentada ante otras, cuyos docentes eran predominantemente médicos.

LA LLEGADA DEL CAMBIO: NUEVAS POSIBILIDADES AL ALCANCE

Con motivo del 800º aniversario de la Universidad de París, los ministros responsables de la enseñanza superior de Alemania, Francia, Italia y Reino Unido adoptaron, el 25 de mayo de 1998, la Declaración de La Sorbona. Ésta se proponía homogeneizar el diseño del Sistema de Educación Superior Europeo, ya que al hablar de Europa también se debía pensar en una compilación y organización del conocimiento. Este fue el punto de partida para la posterior reforma universitaria.

La Declaración de Bolonia puso en marcha un proceso cuyo objetivo había sido crear un sistema común de grados académicos fácilmente reconocibles y comparables; fomentar la movilidad de los estudiantes, docentes e investigadores; garantizar una enseñanza de gran calidad y adoptar una dimensión europea en la enseñanza superior. La declaración, consensuada en el año 1999, se ha visto seguida de diferentes reuniones, acuerdos y comunicaciones que iban estableciendo las bases para la configuración del nuevo sistema de enseñanza. La presentación oficial del Espacio Europeo de Enseñanza Superior (EEES) se realizó en la Declaración de Budapest, de 12 de marzo de 2010, representando un ejemplo de cooperación regional y transnacional en materia de enseñanza superior y aumentando la visibilidad de la enseñanza superior europea en la escena internacional.

En España, la estructura de estudios universitarios, adaptada a la puesta en marcha del Espacio Europeo de Educación Superior (EEES), ha implementado tres niveles formativos: grado (240 créditos ECTS), máster (60-90 ECTS) y doctorado (con un periodo de formación y otro de investigación). Esta estructura ha cambiado con el Real Decreto 43/2015, de 2 de febrero, por el que se modifica el Real Decreto 1393/2007, de 29 de octubre, por el que se establece la ordenación de las enseñanzas universitarias oficiales, y el Real Decreto 99/2011, de 28 de enero, por el que se regulan las enseñanzas oficiales de doctorado. Pero la esencia del acceso de los antiguos diplomados a los estudios de doctorado sigue estando abierta, exigiéndose ahora un grado y un master.

El resultado de la convergencia europea tras el proceso de conversión de todas las titulaciones universitarias ha permitido transformar las antiguas licenciaturas, diplomaturas e ingenierías en Grados uniformes. Por otra parte, el surgimiento de nuevos másteres, acordes a las nuevas directrices, ha permitido a los titulados especializarse en sus propios campos, bien en el ámbito de la asistencia (correspondientes a máster profesionalizantes), o en el de la investigación.

En la actualidad, y pendientes de aplicar la nueva legislación (RD 43/2015 de febrero), los másteres tienen una estructura de 60 o 90 créditos ETCS, que garantizan una adecuada formación (basada en criterios uniformes y aprobados previamente por una agencia de calidad) y la posibilidad de continuación de los estudios a través de sus programas de doctorado correspondientes.

Las características de acceso a los másteres indican que es necesario estar en posesión de un título universitario oficial español u otro expedido por una institución de educación superior del EEES. Además, también podrán acceder los estudiantes que, no habiendo estudiado en ningún estado de los que componen el Espacio Europeo de Educación Superior, demuestren (y así lo certifique la universidad de destino) una formación adecuada y equivalente a las titulaciones universitarias de nuestro país. En algunas disciplinas puede exigirse la formación previa en competencias específicas, que estarán establecidos de forma adecuada en cada programa de máster.

De esta forma, no sólo los recién titulados (aquéllos que han participado ya en los nuevos grados) pueden acceder a los estudios de máster, sino también todos aquellos diplomados, licenciados o ingenieros, cuya formación no ha estado ligada al EEES). La matriculación en los másteres oficiales implica que el futuro estudiante realice una preinscripción, con el acompañamiento de su curriculum vitae y relación de motivaciones para cursar dicha titulación. Así, y posteriormente, la selección de los estudiantes que pueden acceder al máster será valorada por una comisión que realizará la baremación de los méritos de todos los estudiantes preinscritos y determinará su idoneidad para acceder, finalmente, a los estudios de dicho máster.

A partir de ahí, y una vez finalizada esta formación, los nuevos titulados tienen a su alcance la entrada a los estudios de doctorado y, por ende, a su entera formación en la investigación.

Antes de la entrada en vigor del Real Decreto 99/2011 y el RD 543/2013, el acceso al doctorado no exigía haber cursado un mínimo de 300 créditos ECTS, ni que de ellos, 60, fueran estudios de doctorado. De esta forma, el RD 1393/2007, establecía que el acceso a los estudios de doctorado requería estar en posesión de un título oficial de máster universitario, o de otro del mismo nivel expedido por una institución de educación superior del EEES. Es decir, el doctorado estaba al alcance de aquellos titulados, tanto de Grado como de diplomatura, licenciatura o ingeniería, que hubiesen cursado un máster con un mínimo de 60 créditos ECTS.

Esta situación, junto al hecho del surgimiento de los nuevos másteres regulados por las directrices del EEES, fue una oportunidad para motivar a los profesores asociados y colaboradores a dar el paso hacia la investigación y tener un acceso regulado a su doctorado.

Como se ha comentado, estas normas han sido modificadas y el actual RD 543/2013, exige, no sólo el haber cursado una titulación de máster con 60 ECTS, sino también que la suma de todos los créditos de estudios universitarios sea de 300, como mínimo. Ello implica que los antiguos diplomados o ingenieros han de cursar estudios de máster que añadan 120 créditos a sus estudios previos.

SITUACIÓN ACTUAL E IMPLICACIONES PARA EL ÁREA DE RADIOLOGÍA Y MEDICINA FÍSICA

En una visión general sobre la composición de las Áreas de Radiología y Medicina Física de diferentes universidades españolas, se evidencia una heterogeneidad, no sólo en la composición de sus miembros y rangos, sino también en los grados y máster en los que se ha ampliado la capacidad docente de todos los implicados.

Esta heterogeneidad es la que enriquece y ofrece multidisciplinaridad al área, que ya no sólo se centra en la formación de futuros médicos, sino que en todos los grados y máster del ámbito de ciencias de la salud se cuenta con la docencia de profesores de dicha área, cada vez más especializados y con un mayor nivel de formación.

La incorporación de diplomados en ciencias de la salud y su acceso y consecución del título de doctorado, eleva la calidad del área y de los estudios oficiales en los que imparte docencia. Además, su participación activa en proyectos de investigación abre nuevas líneas, colaboraciones y puertas, mejorando la transferencia de resultados y su aplicación a la práctica clínica en diversos ámbitos.

De esta forma, este cambio no debe suponer, en ningún sentido, una amenaza para los docentes ya consolidados de esta área, sino como una oportunidad para reforzar su presencia y su capacidad docente, investigadora y asistencial.

Expectativas ante el futuro incierto

El 2015 comenzó con una enésima propuesta de reforma universitaria, que se constató con la aprobación de un nuevo Real Decreto 43/2015. El principal cambio propuesto por este texto normativo es el establecimiento de un sistema flexible mediante el cual las titulaciones de Grado pueden tener entre 180 y 240 créditos y las de Másteres entre 60 y 120 créditos. Esta adopción se plantea como un sistema voluntario, por lo que queda a decisión propia de cada universidad el establecimiento y reforma de los títulos recién implementados.

En esta reforma, lo que, en principio, no se vería afectado es el sistema para acceder a los estudios de doctorado: serán necesarios cinco años de estudios previos (entre grado y máster), lo que quiere decir haber cursado 300 créditos ECTS, como ocurre en el sistema actual.

La normativa no se ha visto ausente de críticas por parte de diferentes sectores. Desde el colectivo de estudiantes la reivindicación principal va ligada al aumento de gasto para las familias, por entender que, si se pasa a tres años de grado y dos de máster, se incrementará el gasto ya que los posgrados tienen unas tasas más altas.

Por su parte, la Conferencia de Rectores de Universidades Españolas (CRUE) ha rechazado esta reforma porque, a su parecer, sería "imprudente" cambiar el sistema de titulaciones universitarias cuando apenas han terminado sus estudios las primeras generaciones del Plan Bolonia y, es más, aún quedan estudiantes del plan anterior.

Incluso el Consejo de Estado se ha pronunciado, indicando que "La falta de estabilidad en la regulación de las enseñanzas durante los últimos años no parece beneficiar a la consecución de una educación de calidad en España", por lo que se recomienda posponer la aplicación de dicha reforma.

Lejos de ser ajena a las polémicas, la reforma universitaria está sobre la mesa y constituye un tema que ha de ser cuestionado y valorado por todos los implicados, entre los que se encuentran los profesores del área de Radiología y Medicina Física. ¿Cuáles son las fortalezas actuales del área y sus debilidades para asumir el cambio? ¿Son más las oportunidades o las amenazas que trae este nuevo cambio?. Aunque el Grado de Medicina no está implicado en estos cambios y los estudiantes de Medicina los menos afectados ya que se les permite acceder al doctorado directamente sin estudios de máster, es un tema que afecta de forma global a todo el sistema universitario y también al profesorado del área de conocimiento de Radiología y Medicina Física.

BIBLIOGRAFÍA

1. Ministerio de Educación, Cultura y Deporte. Actualidad del Ministerio. Nota de Prensa: El Consejo de Ministros aprueba el Real Decreto por el que se establece la ordenación de las enseñanzas universitarias oficiales. [actualizado 30 Enero 2015; Acceso 08 Mayo 2015]. Disponible en: http://www.mecd.gob.es/prensa-mecd/actualidad/2015/01/20150130-universidades.html
2. Espacio Europeo de Educación Superior (EEES). Estructura del EEES [actualizado 2015; acceso 5 May 2015]. Disponible en: http://www.eees.es/es/eees-estructura-del-eees
3. Carreras Delgado et al. (2001). Desarrollo del área de conocimientos de Radiología y Medicina Física. Asociación de Profesores Universitarios de Radiología y Medicina Física: Alicante.
4. Santandreu Jiménez E (2006). Los profesores de rehabilitación y medicina física en la titulación de medicina ante el Espacio único Europeo de Educación Superior. Rehabilitación; 40(1):3-5
5. Europa.eu. Síntesis de la Legislación. Educación y formación permanentes. Proceso de Bolonia: creación del Espacio Europeo de Enseñanza Superior [actualizado 9 Abril 2010; acceso 5 Mayo 2015]. Disponible en: http://europa.eu/legislation_summaries/education_training_youth/lifelong_learning/c11088_es.htm
6. Europapress. Sociedad. En qué consiste la reforma universitaria y a qué grados afectará [actualizado 24 Marzo 2015; acceso 8 mayo 2015]. Disponible en: http://www.europapress.es/sociedad/noticia-consiste-reforma-sistema-universitario-grados-afectara-20150130142150.html
7. Boletín Oficial del Estado. Real Decreto 778/1998, del 30 de abril, que regula el tercer ciclo de estudios universitarios, la obtención de expedición del título de doctor y otros estudios de posgrado. Boletín Oficial del estado num 104, 1 mayo de 1998. http://www.boe.es/diario_boe/ txt.php ?id=BOE-A-1998-10207
8. Boletín Oficial del Estado. REAL DECRETO 1393/2007, del 29 de octubre, por el que se establece la ordenación de las enseñanzas universitarias oficiales. BOE num 260, 30 de octubre de 2007. https://www.boe.es/buscar/act.php?id=BOE-A-2007-18770
9. Boletín Oficial del Estado. Real Decreto 534/2013, de 12 de julio, por el que se modifican los Reales Decretos 1393/2007, de 29 de octubre, por el que se establece la ordenación de las enseñanzas universitarias oficiales; 99/2011, de 28 de enero, por el que se regulan las enseñanzas oficiales de

doctorado; y 1892/2008, de 14 de noviembre, por el que se regulan las condiciones para el acceso a las enseñanzas universitarias oficiales de grado y los procedimientos de admisión a las universidades públicas españolas. BOE num 167, 13 de Julio de 2013. http://www.udc.gal/eid/normativa/
10. Real Decreto 43/2015, de 2 de febrero, por el que se modifica el Real Decreto 1393/2007, de 29 de octubre, por el que se establece la ordenación de las enseñanzas universitarias oficiales, y el Real Decreto 99/2011, de 28 de enero, por el que se regulan las enseñanzas oficiales de doctorado. Boletín Oficial del estado num 29, de 3 de febrero de 2015. http://www.boe.es/boe/dias/2015/02/03/pdfs/BOE-A-2015-943.pdf

16. Los estudios de doctorado en España. La nueva reglamentación según el RD 99/2011

Javier Pereira Loureiro[1,3], Javier Muñiz García[2,4], Thais Pousada García[3], Sergio Santos del Riego[1], Rosa Meijide Failde[1], José Luis Rodríguez-Villamil Fernández[1], Jorge Teijeiro Vidal[1]
[1]Departamento de Medicina. Facultad de Ciencias de la Salud. Universidade da Coruña; [2]Departamento de Ciencias de la Salud. Facultad de Ciencias de la Salud. Universidade da Coruña; [3]Secretario de la Comisión Académica del Programa de Doctorado en Ciencias de la Salud de la Universidade da Coruña (RD99/2011); [4]Coordinador del Programa de Doctorado de Ciencias de la Salud de la Universidade da Coruña (RD99/2011)
javier.pereira@udc.es; javmu@udc.es; tpousada@udc.es; ssr@udc.es; rmf@udc.es; villamil@udc.es; jtv@udc.es

Resumen

El intento de cambiar el proceso productivo hacia una economía sostenible establece a los doctores como fundamentales y encargados de liderar la I+D+i (Investigación, Desarrollo e innovación). El Real Decreto 99/2011, de 28 de enero, por el que se regulan las enseñanzas oficiales de doctorado ha cambiado significativa el proceso de obtención del título de doctor en España. Las Universidades han tenido que llevar a cabo un proceso de adaptación cuyas novedades más importantes son: (i) La organización de los programas de doctorado en Escuelas de Doctorado, (ii) se limita el tiempo de duración que se puede emplear para finalizar el trabajo de tesis, (iii) se crea la Comisión Académica del Programa de Doctorado que es la encargada de realizar el proceso de admisión, la evaluación anual del trabajo desarrollado por los alumnos y la autorización de defensa, dejando sin responsabilidad a los departamentos, institutos universitario y centros y (iv) el director debe evaluar anualmente el avance del trabajo del alumno que debe ir evidenciando a través del documento de actividades.

Antecedentes

La Ley Orgánica 6/2001, de 21 de diciembre, de Universidades, en su nueva redacción dada por la Ley Orgánica 4/2007, de 12 de abril, por la que se modifica la anterior, define la estructura de las enseñanzas universitarias en tres ciclos: Grado, Máster y Doctorado. Los estudios de doctorado, correspondientes al tercer ciclo, conducen a la obtención del título oficial de Doctor o Doctora, de carácter oficial y validez en todo el territorio nacional.

La obtención del título de doctor ha sido regulada por diversos decretos, entre ellos el Real decreto 56/2005, de 21 de enero, por el que se regulan los estudios universitarios oficiales de posgrado y el Real decreto 778/1998, del 30 de abril, que regula el tercer ciclo de los estudios universitarios, la obtención y expedición del título de doctor.

Actualmente es el Real Decreto 99/2011, de 28 de enero, por el que se regulan las enseñanzas oficiales de doctorado la que definen la obtención del título de doctor o doctora, que tendrá carácter oficial y validez en todo el territorio nacional, con importantes novedades frente a la legislación previa.

En este decreto se indica que son los Organismos Públicos de Investigación a los que les corresponde un especial protagonismo y deben ser el núcleo básico del sistema público de investigación científica y desarrollo tecnológico español. En esta afirmación se referencian todas las instituciones de carácter público y ámbito nacional con finalidades de investigación así como las universidades. La experiencia acumulada, especialmente con el Consejo Superior de Investigaciones Científicas (CSIC), habla de los enormes beneficios esperados de una colaboración equilibrada para la formación de investigadores y doctores. Además se añade que también que deben participar, y con un papel no menos importante aquellas otras instituciones que canalizan la investigación a su plasmación en la sociedad, como empresas, hospitales, fundaciones, etc. que han de convertirse en actores y aliados en la formación doctoral y después en la inclusión de los doctores en sus actuaciones cotidianas

Por ello, mediante este Decreto se abre a otras instituciones diferentes de las Universidades su participación en la formación de los doctorando.

DEFINICIONES

La normativa comienza estableciendo unas definiciones de las cuales destacan las que se describen a continuación debido a su novedad e importancia en el desarrollo de los estudios de doctorado:

La Escuela de Doctorado: Es la unidad creada por una o varias universidades y en posible colaboración con otros organismos, centros, instituciones y entidades con actividades de I+D+i, nacionales o extranjeras, que tiene por objeto fundamental la organización dentro de su ámbito de gestión del doctorado, en una o varias ramas de conocimiento o con carácter interdisciplinar. Las Escuelas de Doctorado podrán organizarse centrando sus actividades en uno o más ámbitos especializados o interdisciplinares. El director de la Escuela es nombrado por el Rector y deberá poseer tres sexenios.

Esto implica que los programas de doctorado van a depender de las Escuelas de Doctorado y no de los Departamentos, Centros o Institutos Universitarios como sucedía anteriormente.

La comisión académica de cada programa de doctorado: Es la responsable de la definición, actualización, calidad y coordinación, así como del progreso de la investigación y de la formación y de la autorización de la presentación de tesis de cada doctorando del programa.

El documento de actividades: Es el registro individualizado que cada alumno debe elaborar a lo largo de sus estudios de doctorado. Este conjunto de evidencias deben ser revisadas y evaluadas por el tutor y el director de tesis y por la comisión académica responsable del programa de doctorado.

ESTRUCTURA DE LOS PROGRAMAS DE DOCTORADO

Los programas de doctorado pueden llevarse a cabo de forma conjunta entre varias universidades y contar con la colaboración, expresada mediante un convenio, de otros organismos, centros, instituciones y entidades con actividades de I+D+i, públicos o privados, nacionales o extranjeros.

En la Comisión Académica podrán participar doctores de la Universidad y otras instituciones como centros hospitalarios u organismos de investigación públicos o privados.

El Coordinador del Programa de Doctorado será un investigador que deberá tener al menos dos tesis doctorales dirigidas y la justificación de la posesión de al menos dos sexenios. En el caso de que dicho investigador ocupe una posición en la que no resulte de aplicación el citado criterio de evaluación, deberá acreditar méritos equiparables a los señalados, como es el caso de personal sanitario o profesores asociados.

Los programas de doctorado deberán ser verificados por el Consejo de Universidades y autorizados por las correspondientes Comunidades Autónomas mediante una memoria estructurada que detallada en el RD 99/2011. Deberán someterse a un procedimiento de evaluación cada seis años.

Acreditación y renovación de los Programas de Doctorado

Para garantizar la calidad del doctorado y el correcto desarrollo de la formación doctoral la universidad deberá justificar la existencia de equipos investigadores solventes y experimentados en el ámbito correspondiente.

Los criterios de evaluación para la verificación y acreditación de los programas de doctorado tendrán en cuenta el porcentaje de investigadores con experiencia acreditada, los proyectos competitivos en que participan, las publicaciones recientes y la financiación disponible para los doctorandos. Asimismo se valorará el grado de internacionalización de los doctorados, con especial atención a la existencia de redes, la participación de profesores y estudiantes internacionales, la movilidad de profesores y estudiantes, y los resultados tales como cotutelas, menciones europeas e internacionales, publicaciones conjuntas con investigadores extranjeros, organización de seminarios internacionales, o cualquier otro criterio que se determine al respecto.

CRONOGRAMA PARA EL DOCTORANDO

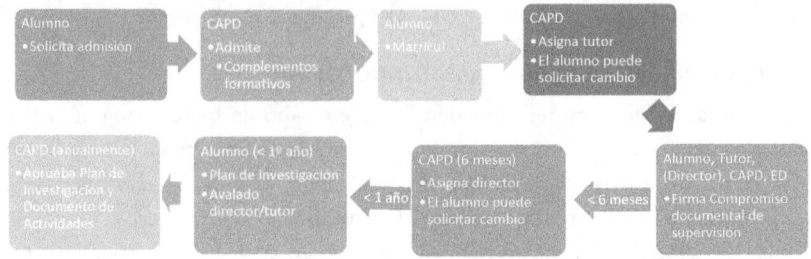

Figura 9. Esquema general de hitos en los estudios de doctorado (antes de la defensa de la Tesis)

1. El alumno una vez matriculado debe asignársele un tutor por parte de la Comisión Académica. El tutor pertenece a la Escuela de Doctorado y se encargará de la comunicación entre el alumno y la Comisión Académica.
2. En el plazo máximo de seis meses desde su matriculación, la comisión académica responsable del programa asignará a cada doctorando un director de tesis doctoral que podrá ser coincidente o no con el tutor y que no tiene porqué pertenecer al programa ni a la universidad.
3. Antes de la finalización del primer año el doctorando elaborará un Plan de investigación que incluirá al menos la metodología a utilizar y los objetivos a alcanzar, así como los medios y la planificación temporal para lograrlo
4. Anualmente la comisión académica del programa evaluará el Plan de investigación y el documento de actividades junto con los informes que a tal efecto deberán emitir el tutor y el director
5. Las universidades establecerán las funciones de supervisión de los doctorandos mediante un compromiso documental firmado por la universidad, el doctorando, su tutor y su director en la forma que se establezca

Duración de los estudios

Existen dos modalidades de dedicación, que el alumno deberá especificar cada año que se matricule. La dedicación parcial deberá acreditarse. En la Tabla I se detallan los tiempos máximos establecidos en la normativa.

Tabla I. Duración de los estudios de doctorado

Dedicación del alumno	Tiempo Parcial	Tiempo Completo
Tiempo máximo	5 años	3 años
Prórroga justificada	2 años	1 año

En casos excepcionales podrá autorizarse una ampliación de 1 año más en ambos casos.

A los efectos del cómputo de los tiempos no se tendrán en cuenta las bajas por enfermedad, embarazo o cualquier otra causa prevista por la normativa vigente. Además el alumno podrá solicitar la baja temporal mediante justificación y autorización por parte de la Comisión Académica.

Una vez agotado el tiempo y sus prórrogas, el alumno deberá abandonar ese programa de doctorado.

Formación de los programas de doctorado

Los programas de doctorado incluirán aspectos organizados de formación investigadora que no requerirán su estructuración en créditos ECTS que deberán definirse en la memoria para la verificación de los programas.

Todas las actividades de formación realizadas por el doctorando se recogerán en el documento de actividades.

COMPETENCIAS QUE DEBE ADQUIRIR EL DOCTORANDO

1. Los estudios de doctorado garantizarán, como mínimo, la adquisición por el doctorando de las siguientes competencias básicas así como aquellas otras que figuren en el Marco Español de Cualificaciones para la Educación Superior:
a) Comprensión sistemática de un campo de estudio y dominio de las habilidades y métodos de investigación relacionados con dicho campo.
b) Capacidad de concebir, diseñar o crear, poner en práctica y adoptar un proceso sustancial de investigación o creación.
c) Capacidad para contribuir a la ampliación de las fronteras del conocimiento a través de una investigación original.
d) Capacidad de realizar un análisis crítico y de evaluación y síntesis de ideas nuevas y complejas.
e) Capacidad de comunicación con la comunidad académica y científica y con la sociedad en general acerca de sus ámbitos de conocimiento en los modos e idiomas de uso habitual en su comunidad científica internacional.
f) Capacidad de fomentar, en contextos académicos y profesionales, el avance científico, tecnológico, social, artístico o cultural dentro de una sociedad basada en el conocimiento.

2. Asimismo, la obtención del título de Doctor debe proporcionar una alta capacitación profesional en ámbitos diversos, especialmente en aquellos que requieren creatividad e innovación. Los doctores habrán adquirido, al menos, las siguientes capacidades y destrezas personales para:
a) Desenvolverse en contextos en los que hay poca información específica.

b) Encontrar las preguntas claves que hay que responder para resolver un problema complejo.
c) Diseñar, crear, desarrollar y emprender proyectos novedosos e innovadores en su ámbito de conocimiento.
d) Trabajar tanto en equipo como de manera autónoma en un contexto internacional o multidisciplinar.
e) Integrar conocimientos, enfrentarse a la complejidad y formular juicios con información limitada.
f) La crítica y defensa intelectual de soluciones.

REQUISITOS DE ACCESO AL DOCTORADO.

Con carácter general, para el acceso a un programa oficial será necesario haber superado 300 ECTS, de los cuales 60 ECTS son de Máster oficial.

Existen otros supuestos que permiten acceder a los estudios de doctorado entre los que destacan en el ámbito de las ciencias de la Salud:
- Los licenciados en Medicina pueden acceder directamente
- Otros titulados en ciencias de la salud que hayan superado al menos dos años en una plaza de formación sanitaria especializada (Por ejemplo matronas)

CRITERIOS DE ADMISIÓN

Son las Comisiones Académicas las encargadas de definir criterios específicos de admisión y podrán incluir la exigencia de complementos de formación específicos que deben ser definidos en la memoria de verificación

Dirección de la tesis

La tesis podrá ser codirigida por otros doctores cuando concurran razones de índole académico, como puede ser el caso de la interdisciplinariedad temática o los programas desarrollados en colaboración nacional o internacional, previa autorización de la comisión académica

Las universidades, a través de la Escuela de Doctorado podrán establecer requisitos adicionales para ser director de tesis.

La labor de tutorización del doctorando y dirección de tesis deberá ser reconocida como parte de la dedicación docente e investigadora del profesorado

LA TESIS DOCTORAL

La tesis doctoral consistirá en un trabajo original de investigación elaborado por el candidato en cualquier campo del conocimiento. La tesis debe capacitar al doctorando para el trabajo autónomo en el ámbito de la I+D+i.

EVALUACIÓN Y DEFENSA DE LA TESIS DOCTORAL

1. El tribunal que evalúe la tesis doctoral se compondrá de acuerdo con los requisitos fijados por la universidad y de acuerdo con lo establecido en el presente artículo.
2. La totalidad de los miembros que integren el tribunal deberán estar en posesión del título de Doctor y contar con experiencia investigadora acreditada. En todo caso, el tribunal estará formado por una mayoría de miembros externos a la Universidad y a las instituciones colaboradoras en la Escuela o programa.
3. El tribunal que evalúe la tesis dispondrá del documento de actividades del doctorando que no dará lugar a una puntuación cuantitativa pero sí constituirá un instrumento de evaluación cualitativa que complementará la evaluación de la tesis doctoral
4. La tesis doctoral se evaluará en el acto de defensa que tendrá lugar en sesión pública y consistirá en la exposición y defensa por el doctorando del trabajo de investigación elaborado ante los miembros del tribunal. Los doctores presentes en el acto público podrán formular cuestiones en el momento y forma que señale el presidente del tribunal
5. El tribunal emitirá un informe y la calificación global concedida a la tesis en términos de «apto» o «no apto». El tribunal podrá proponer que la tesis obtenga la mención de «cum laude» si se emite en tal sentido el voto secreto positivo por unanimidad, cuyo escrutinio se debe realizar en sesión diferente.

MENCIÓN INTERNACIONAL EN EL TÍTULO DE DOCTOR.

El título de Doctor o Doctora podrá incluir en su anverso la mención «Doctor internacional», siempre que concurran las siguientes circunstancias:

a) Que, durante el periodo de formación necesario para la obtención del título de doctor, el doctorando haya realizado una estancia mínima de tres meses fuera de España en una institución de enseñanza superior o centro de investigación de prestigio, cursando estudios o realizando trabajos de investigación. La estancia y las actividades han de ser avaladas por el director

y autorizadas por la Comisión Académica, y se incorporarán al documento de actividades del doctorando.
b) Que parte de la tesis doctoral, al menos el resumen y las conclusiones, se haya redactado y sea presentado en una de las lenguas habituales para la comunicación científica en su campo de conocimiento, distinta a cualquiera de las lenguas oficiales en España. Esta norma no será de aplicación cuando las estancias, informes y expertos procedan de un país de habla hispana.
c) Que la tesis haya sido informada por un mínimo de dos expertos doctores pertenecientes a alguna institución de educación superior o instituto de investigación no española.
d) Que al menos un experto perteneciente a alguna institución de educación superior o centro de investigación no española, con el título de doctor, y distinto del responsable de la estancia mencionada en el apartado a), haya formado parte del tribunal evaluador de la tesis.

MEMORIA DE VERIFICACIÓN Y PARÁMETROS VALORABLES

Entre otros aspectos e información general, se detalla a continuación aquella información que se considera más relevante:
- Producción científica del personal investigador en los últimos 5 años y contribuciones conjuntas con investigadores extranjeros.
- Experiencia del personal investigador en la dirección de tesis doctorales
- un porcentaje mínimo del 60% de los investigadores doctores participantes en el programa tengan experiencia acreditada (excluidos los invitados y visitantes de corta duración).
- Número de profesores extranjeros que participan en el programa.
- Que los grupos de investigación incorporados al programa de doctorado cuentan con, al menos, un proyecto competitivo en los temas de las líneas de investigación del programa.
- La calidad de las contribuciones científicas del personal investigador que participa en el programa en los últimos 5 años/ tener un tramo de investigación vivo/haber alcanzado el número máximo de tramos posible. Contribuciones conjuntas con investigadores extranjeros.
- Que el personal investigador participante en el programa tenga experiencia contrastada en la dirección de tesis doctorales en los últimos 5 años.
- Los recursos externos y las bolsas de viaje dedicadas a ayudas para asistencia a congresos y estancias en el extranjero.
- La financiación de seminarios, jornadas y otras acciones formativas nacionales e internacionales.

- El porcentaje de doctorandos que consiguen ayudas o contratos post-doctorales

LA ADAPTACIÓN DEL RD 99/2011 EN EL SISTEMA UNIVERSITARIO DE GALICIA

El Sistema Universitario de Galicia (SUG) está formado por las tres Universidades públicas existentes en la Comunidad Autónoma de Galicia:
- Universidade da Coruña con los Campus de A Coruña y Ferrol
- Universidade de Santiago de Compostela con los Campus de Santiago y Lugo.
- Universidade de Vigo con los Campus de Vigo. Pontevedra y Ourense

Con la publicación del RD 99/2011 que regula los estudios de doctorado para todo el territorio español, el SUG ha trabajado conjuntamente aprobando una normativa común para las tres instituciones concretando aquellos aspectos del RD que lo exigen para su implantación.

Desde el curso 2013/2014 ya se están impartiendo estudios adaptados a esta legislación. En este apartado se detallan los aspectos más destacados de la especificación y que son aplicados en las tres universidades gallegas.

LA OFERTA DE LA UNIVERSIDADE DA CORUÑA

La Universidade da Coruña ha decidido crear una única escuela de doctorada denominada Escuela Internacional de Doctorado de la Universidade da Coruña que agrupa todos los estudios de doctorado. Los programas de doctorado adaptados a la nueva legislación han comenzado a ofrecerse en el curso 2013/2014. En la Tabla II se relacionan los programas de doctorados ofertados por la Universidade da Coruña en el curso 2015/2016.

Tabla II. Programas de doctorado ofertados en el curso 2015/2016 por la UDC

Área	Programa de doctorado
Artes y humanidades	Estudios ingleses avanzados: lingüística, literatura y cultura
	Estudios lingüísticos
	Estudios literarios
	Lógica y filosofía de la ciencia
	Sociedad del conocimiento: nuevas perspectivas en documentación, comunicación y humanidades
Ciencias	Mar marine science, technology and management
	Biología celular y molecular
	Biotecnología avanzada
	Ciencia y tecnología ambiental
	Estadística e investigación operativa
	Física aplicada
	Investigación agraria y forestal

	Nanomedicina
	Química ambiental y fundamental
Ciencias de la salud	Salud, discapacidad, dependencia y bienestar
	Ciencias de la salud
	Nanomedicina
	Neurociencia y psicología clínica
	Neurociencias
Ciencias sociales y jurídicas	Análisis Económico y Estrategia Empresarial
	Ciencias del deporte, educación física y actividad física saludable (interuniversitario)
	Derecho
	Derecho administrativo iberoamericano
	Desarrollo psicológico, aprendizaje y salud
	Equidad e innovación en educación
Ingeniería y arquitectura	Arquitectura e urbanismo
	Computación
	Energía y propulsion marina
	Ingeniería civil
	Ingeniería naval e industrial
	Investigación en tecnologías de la información
	Láser, fotónica y visión
	Métodos matemáticos y simulación numérica en ingeniería y ciencias aplicadas
	Tecnologías de la información y las comunicaciones
	Tecnologías de la información y de las comunicaciones en redes móviles

El reglamento de Estudios de doctorado de la Universidade da Coruña

En la Universidade da Coruña el Reglamento de estudios de doctorado de la UDC (aprobado en el Consejo de Gobierno de 17 de julio de 2012 y modificaciones introducidas por el Consejo de Gobierno de 23 de abril de 2013, 24 de septiembre de 2013, 27 de febrero de 2014, 27 de mayo de 2014 y 24 de julio de 2014 y 22 de julio de 2015) es que le regula estos estudios [2].

La Comisión Académica del programa de doctorado (CAPD):

- Mínimo de siete miembros entre los cuales deberán figurar un/a presidente/a y un/a secretario/a.
- Composición por doctores con vinculación permanente a la universidad, dedicación a tiempo completo y un sexenio
- Los miembros de la CAPD serán renovados, con carácter general, cada cuatro años.
- Funciones más relevantes:
    - Mantener actualizada la información referente al programa de doctorado

- o Realizar el proceso de valoración de méritos y admisión los alumnados
- o Asignar al alumnado un/a tutor/a y, en el plazo máximo de tres meses tras formalizar su matrícula, un/a director/a.
- o Realizar anualmente la evaluación del documento de actividades y del plan de investigación de cada doctorando/a.
- o Autorizar las estancias fuera de España para la mención internacional.
- o Autorizar la dedicación a tiempo parcial, las prórrogas y bajas temporales
- o Autorización de presentación y exposición pública de las tesis.

Coordinador del Programa de Doctorado
- Será el presidente de la CAPD
- Debe cumplir con los siguientes requisitos:
  - o Haber dirigido por lo menos dos tesis
  - o Dos sexenios
  - o Tener vinculación permanente y dedicación a tiempo completo en la Universidad

Director de tesis

Podrá ser director/a de una tesis cualquier doctor/a español/a o extranjero/a, con experiencia investigadora acreditada, con independencia de la universidad, centro o institución en que preste sus servicios.

Por experiencia investigadora acreditada se entiende el cumplimiento de alguno de los siguientes requisitos:

- Tener reconocido como mínimo **un sexenio** de actividad investigadora.
- Haber sido, en los últimos seis años, **investigador/a principal de un proyecto de investigación financiado mediante convocatoria pública** (excluidos los proyectos de convocatorias propias de la universidad).
- Acreditar la autoría o coautoría, en los últimos seis años, de por lo menos **tres publicaciones en revistas incluidas en el Journal Citation Reports**.
- Acreditar la autoría o coautoría de **una patente en explotación**.
- Haber dirigido en los últimos cinco años **una tesis** y que haya dado lugar, almenos, a una publicación en revistas indexadas en el **ISI-JCR**.

El profesorado del Programa de Doctorado

Investigadores pertenecientes a las instituciones que constituyen el programa (Universidad y Hospital) que cumplan con los criterios para ser director de tesis

El tutor del alumno

Debe ser un profesor del programa de doctorado.

La labor de tutorización y dirección serán reconocidas como parte de la dedicación docente e investigadora del profesorado.

En el caso de que un/a profesor/a del programa cumpla los requisitos para ser director/a y tutor/a asumirá las dos funciones

Acreditación de los programas de doctorado

Deberá realizarse cada 6 años

Condiciones de acceso

Para poder solicitar el acceso a un programa de doctorado es necesario cumplir uno de los siguientes requisitos:

a) Estar en posesión de los títulos oficiales españoles de Grado, o equivalente, y de Máster Universitario (300 créditos ECTS en el conjunto de esas enseñanzas)
b) Estar en posesión de un título universitario oficial y superar un mínimo de 300 créditos ECTS en el conjunto de estudios universitarios oficiales, de los que por lo menos 60 tendrán que ser de nivel de máster.
c) Estar en posesión de un título oficial español de graduado/a cuya duración sea de al menos de 300 créditos ECTS.
d) Los titulados universitarios que, después de obtener una plaza en la correspondiente prueba de acceso a plazas de formación sanitaria especializada, superen con evaluación positiva por lo menos dos años de formación de un programa para la obtención del título oficial de alguna de las especialidades en ciencias de la salud.
e) Estar en posesión de un título obtenido conforme a sistemas educativos extranjeros, sin necesidad de su homologación, si la universidad comprueba que este acredita un nivel de formación equivalente a la del título oficial español de máster universitario y que faculta en el país expedidor para el acceso a estudios de doctorado.
f) Estar en posesión de otro título español de doctor/a
g) Estar en posesión del diploma de estudios avanzados, o alcanzasen la suficiencia investigadora.

Matrícula a tiempo completo y a tiempo parcial

Cada alumno deberá solicitar todos los años la matrícula a tiempo parcial y justificarlo.

Motivos laborales: Sólo contratos de carácter fijo o estable. No se tendrán en cuenta situaciones eventuales como contratos temporales, contratos en prácticas o bolsas de colaboración con una duración inferior a seis meses.

Motivos familiares: Relacionados con dependencia, cuidado de personas mayores o hijos discapacitados, familia numerosa con hijos en edad escolar y situaciones de violencia de género

La Tesis Doctoral

La tesis de doctorado deberá incluir como mínimo: un resumen, una introducción, los objetivos, la metodología, los resultados, las conclusiones y la bibliografía, así como los informes de valoración de la tesis por parte de directores y tutores.

Se regula el supuesto de que la tesis esté desarrollada bajo el secreto de propiedad intelectual o industrial

Se regula el desarrollo de las tesis por compendio de artículos de investigación:
- Compendio de un mínimo de tres artículos publicados en revistas indexadas en el Journal Citation Index
- Los coautores deben autorizar por escrito la entrega del trabajo como parte de la tesis
- Los coautores no doctores deben renunciar a presentar ese mismo trabajo para su tesis doctoral

Tribunal de la Tesis

La CAPD presenta una propuesta a la Escuela de Doctorado compuesta por 6 miembros de seis instituciones diferentes, tres titulares y tres suplemente. El tribunal definitivo estará formado por cinco miembros, tres titulares y dos suplementes.

La defensa de la tesis solo se podrá realizar con la presencia de tres miembros

Los miembros propuestos deben cumplir los mismos requisitos que se exigen para la dirección de la tesis

Acto de defensa pública de la tesis

- El tribunal emitirá una calificación de: No apto, aprobado, notable y sobresaliente.
- Además tendrá que emitir un informe secreto introduciendo una papeleta en un sobre indicando si propone la tesis para premio extraordinario y otra para optar a la mención cum laude.
- Estos sobres se abrirán en sesión distinta en la Escuela de Doctorado. No es necesario que esté el tribunal presente.

El programa de Doctorado de Ciencias de la Salud de la Universidade da Coruña

En esta sección se describen las peculiaridades que se han establecido en el programa de doctorado de Ciencias de la Salud (RD99/2011) de la Universidade da Coruña, ofertado desde el curso 2013/2014

Contextualización

Es un programa ofertado conjuntamente entre la Universidade da Coruña, el Instituto de Investigación Biomédica de A Coruña (INIBIC) y la Gerencia de Gestión Integrada de A Coruña y de Ferrol (Médicos del Complejo Hospitalario Universitario de A Coruña-CUAC y del Hospital Universitario Arquietcto Marcide de Ferrol)

Se trata del programa con más demanda y número de alumnos de la Universidade da Coruña, recibiéndose alrededor de 60 solicitudes anuales. Aunque en la memoria de verificación se estimó una matrícula anual de 30 alumnos, se han ido solicitando ampliación de plazas tal y como refleja la Tabla II.

Tabla II. Alumnos admitidos en el programa

Curso Académico	Solicitudes recibidas	Alumnos admitidos
2013/2014	72	59
2014/2015	60	38
2015/2016	62	36

Hasta el curso 2015/2016 se han defendido ya 4 tesis, aunque es importante destacar que este programa es continuidad de otros programas anteriores en los cuales se han ido defendiendo alrededor de 50 tesis en estos tres cursos académicos.

En este programa participan profesores de la Universidad y de las otras dos instituciones involucradas. En el Curso 2015/2016 la plantilla de profesores es de 70, de los cuales

Por ello los profesores pueden pertenecer a las tres instituciones, 29 profesores con vinculación contractual con la Universidade da Coruña, de los cuales 8 son vinculados o asociados y 41 pertenecientes al sistema público de salud (INIBIC o CHUAC).

El programa de doctorado se estructura en 30 líneas de investigación

Requisitos exclusivos de este programa

Este programa tiene una gran demanda de solicitudes como se ha indicado anteriormente. Se trata de un programa de elevada complejidad de gestión, debido, en gran medida, a que la mayoría de profesores son externos a la Universidad y un elevado porcentaje de alumnos están trabajando (principalmente médicos residentes y adjuntos). Por ello y para establecer unos criterios de selección objetivos, se han aprobado por parte de la CAPD unos criterios específicos para la admisión, evaluación anual y defensa del trabajo de tesis.

El programa de doctorado dispone de una página web específica en donde se detallan estas peculiaridades: http://www.doctoradosalud.udc.es.

- Para la admisión se exige que la solicitud venga acompañada de un proyecto de tesis avalado, al menos, por un profesor del programa de doctorado, que será el director. Esto implica que se adelanta en seis meses la exigencia de que el alumno presente el plan de investigación
- El profesor que avala la solicitud será ya le director y tutor. En la solicitud de admisión ya se debe especificar la línea de investigación a la que se adscribe el alumno.
- El compromiso documental de supervisión debe estar firmado, además de por el director/directores, el alumno, el coordinador del programa de doctorado y el director de la escuela de doctorado por el Responsable de I+D del Complejo Hospitalario Universitario de A Coruña (CHUAC) o por el Director Científico del Instituto de Investigación Biomédica de A Coruña (INIBIC) en caso de llevarse a cabo la investigación en alguno de esos centros.
- Para superar la evaluación anual del primer año es necesario que el proyecto de tesis haya sido evaluado o remitido a un Comité de Ética, tomando como referencia el Comité Autonómico de Ética Investigación Clínica de Galicia. Esto implica que la evaluación anual que debe realizar el director y ratificar la CAPD sobre el Plan de Investigación, en este programa, además del plan de investigación, se debe adjuntar la evidencia del trámite ante un comité de ética.
- Después del primer año, el director y la CAPD evaluarán el progreso del alumno en base a su Documento de Actividades.
- Para autorizar la defensa de la tesis se exige que el alumno presente una publicación en una revista indexada en el Journal Citation Report durante el tiempo matriculado. No se exige ninguna posición entre los autores ni que

el director forme parte de ellos. El trabajo publicado tiene que estar relacionado directamente con la tesis.

CONCLUSIONES

- Los programas de doctorado dependen de las Escuelas de Doctorado, desapareciendo la responsabilidad de los departamentos, institutos universitarios y centros docentes
- El nuevo reglamento de estudios de doctorado ha cambiado de forma significativa las obligaciones del alumno y de los directores. El alumno debe cubrir anualmente su documento de actividades con las evidencias de que se ha trabajado en la tesis. El director debe evaluar anualmente el trabajo de alumno emitiendo un informe favorable
- Se limita el tiempo que un alumno puedo estar matriculado en un programa de doctorado
- Para poder ser director de una tesis o formar parte del tribunal exigen un mínimo de evidencia sobre la trayectoria investigadora.
- En el programa de Ciencias de la Salud de la Universidade da Coruña se exige la aprobación del protocolo de investigación por parte de un comité de ética
- Para poder defender la tesis se exige la publicación de un trabajo en una revista indexada en el Jornal Citation Report

BIBLIOGRAFÍA

1. Real Decreto 99/2011, de 28 de enero, por el que se regulan las enseñanzas oficiales de doctorado. Boletín Oficial del Estado de 10 de febrero de 2011.
2. Reglamento de estudios de doctorado de la UDC (aprobado en el Consejo de Gobierno de 17 de julio de 2012 y modificaciones introducidas por el Consejo de Gobierno de 23 de abril de 2013, 24 de septiembre de 2013, 27 de febrero de 2014, 27 de mayo de 2014 y 24 de julio de 2014 y 22 de julio de 2015). http://www.udc.es/eid/normativa/

www.ingramcontent.com/pod-product-compliance
Lightning Source LLC
Chambersburg PA
CBHW060846170526
45158CB00001B/255